装修常用数据图解

空间布局与尺度

杨文英　编著

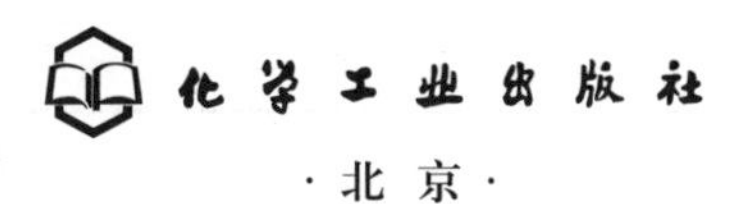

·北京·

内 容 简 介

本书是一本资料翔实、简明易懂的关于装修数据与尺寸的资料手册，主要为装修设计时需要经常查询使用的尺寸标准。全书共有三章，内容包括室内设计通用尺寸、功能空间布局与尺度以及其他配套设施尺寸，全部以漫画图加文字讲解的形式展现。

本书可供室内设计人员和在校学生作为确定设计尺度的参考资料使用，也适合要装修的业主阅读参考。

图书在版编目（CIP）数据

装修常用数据图解 ：空间布局与尺度 / 杨文英编著 .
—北京 ：化学工业出版社，2023.5（2024.1重印）
ISBN 978-7-122-43054-0

Ⅰ. ①装… Ⅱ. ①杨… Ⅲ. ①室内装修－基本知识
Ⅳ. ①TU767.7

中国国家版本馆 CIP 数据核字（2023）第 039944 号

责任编辑：王 斌 吕梦瑶　　装帧设计：韩 飞
责任校对：赵懿桐

出版发行：化学工业出版社（北京市东城区青年湖南街13号 邮政编码 100011）
印　　装：北京新华印刷有限公司
880mm×1230mm 1/32 印张6 字数141千字 2024年1月北京第1版第2次印刷

购书咨询：010-64518888　　售后服务：010-64518899
网　　址：http://www.cip.com.cn
凡购买本书，如有缺损质量问题，本社销售中心负责调换。

定　　价：45.00元

前言

室内装修最重要的，不是缤纷夺目的软装搭配，也不是酷炫智能的多功能设计，而是严格把控每一个细节尺寸，保证在装修完毕之后，基本的硬件、软件设施合乎人体工程学的基本要求，让家里每个人住得舒适开心。

室内尺寸看起来似乎很多、很杂乱，但如果搞清楚尺寸的由来，就能够融会贯通。基于这一点，本书内容划分为三章。第一章主要介绍了室内装修通用的基础尺寸，包括人体尺寸和住宅通道尺寸，这两个尺寸可以延伸到整个空间布局和家具摆放中，并且是很多布置数据的依据；第二章介绍了八大功能空间内的各种数据尺寸，包括布局尺寸、家具摆放尺寸、灯光布置尺寸、软装布置尺寸、开关与插座安装尺寸等。这些数据与尺寸不仅与日常生活息息相关，而且也适合时下较小户型装修使用，可以提高空间利用率；第三章则是对一些配套设施的尺寸进行了总结，包括飘窗、楼梯栏杆、楼梯、门和门洞。

希望本书不仅仅能让读者快速查阅尺寸，而且也希望读者能了解尺寸的运用方法，所以对尺寸和数据进行了简单的讲解与分析。在编著本书的过程中，参考了部分文献和资料，在此衷心表示感谢。因编写时间较短，编者能力有限，若书中有不足和疏漏之处，还请广大读者给予反馈意见，以便及时改正。

目录

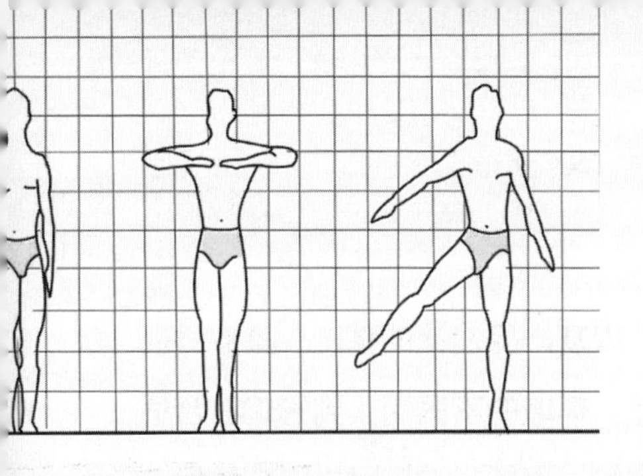

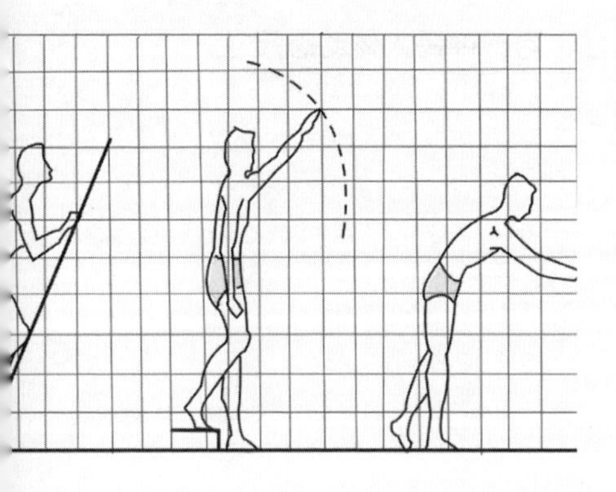

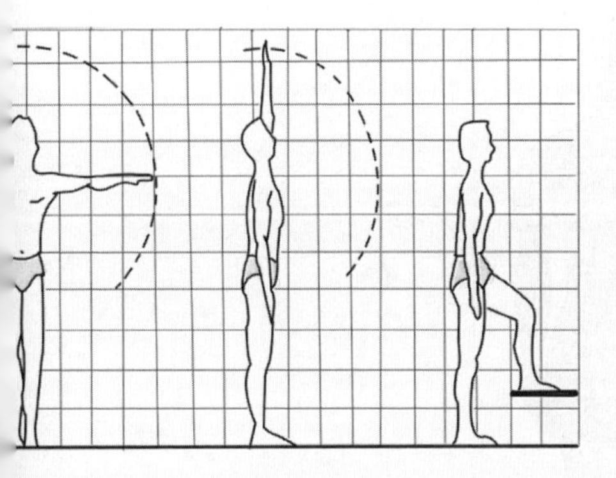

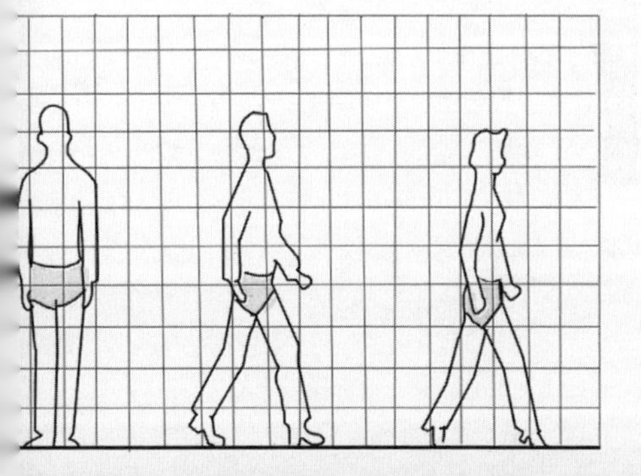

第一章
室内设计通用尺寸

人体尺寸、通道尺寸、家具与设备尺寸可以说是室内设计中比较重要的基础尺寸，它们的尺寸关乎着空间的布局是否符合人体工程学、是否合理。这些尺寸看似不起眼，但是在实际使用过程中，室内大部分尺寸都是在这些尺寸的基础上进行变化和设计的。

一、人体尺寸

人体尺寸是建筑室内外空间设计以及产品设计的基础，其数值范围因地区、年龄、性别、种族、职业、环境的不同而受到影响。合适的尺度和空间可以创造良好的生活情境。通常来说，可以将人体尺寸划分为两种类型，一种是人体静态尺寸，另一种是人体动态尺寸。

1. 人体静态尺寸

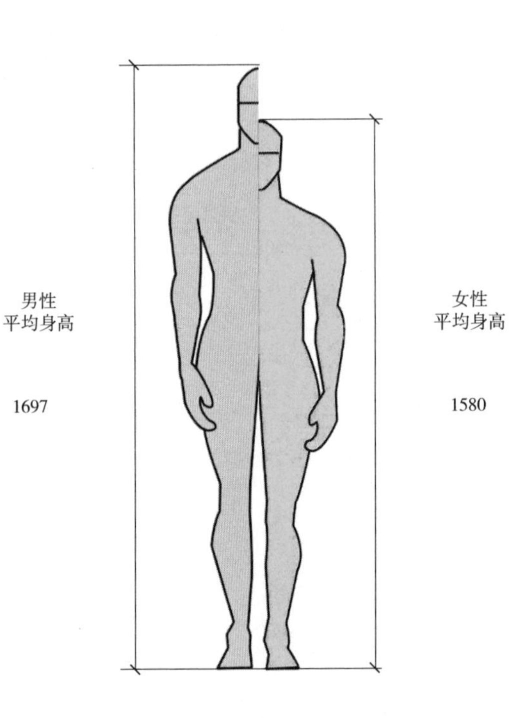

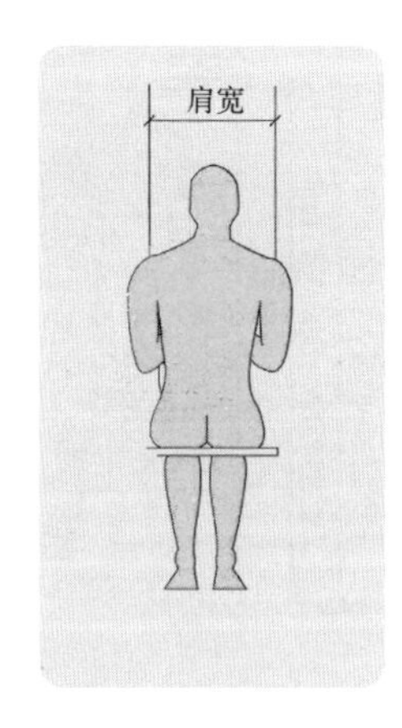

用于确定行走通道的最小间距

344~470（男性）
320~377（女性）

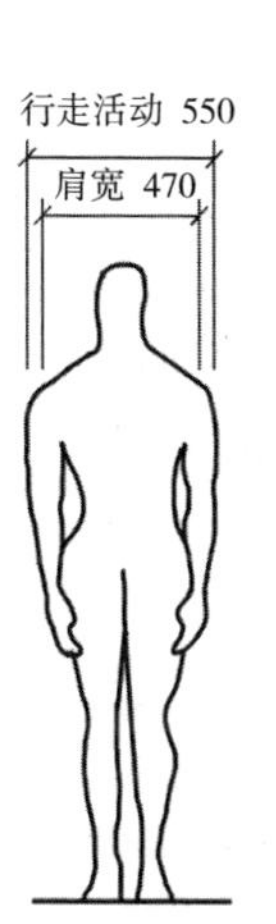

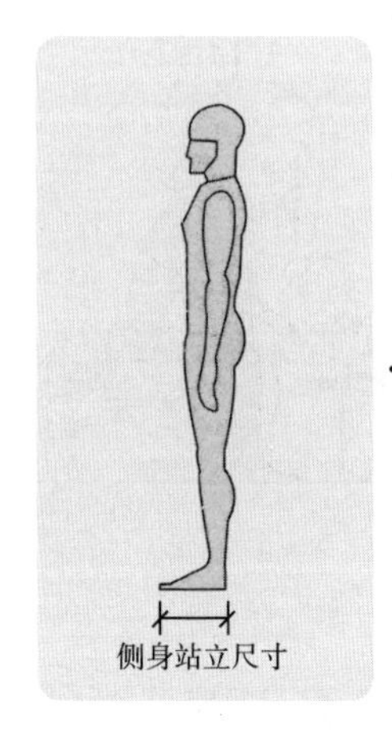

用于确定侧身通行时的最小距离

186~270（男性）
170~255（女性）

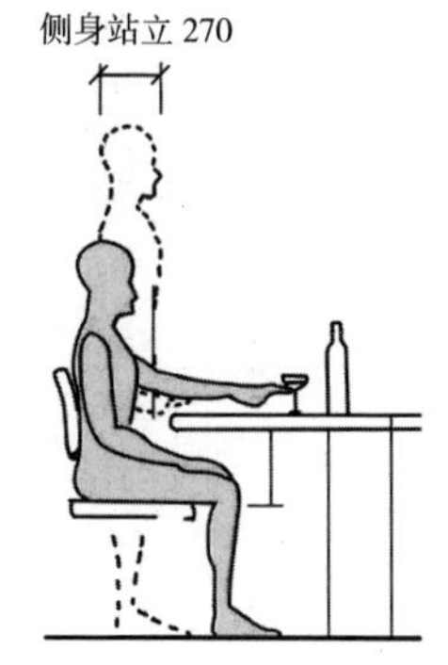

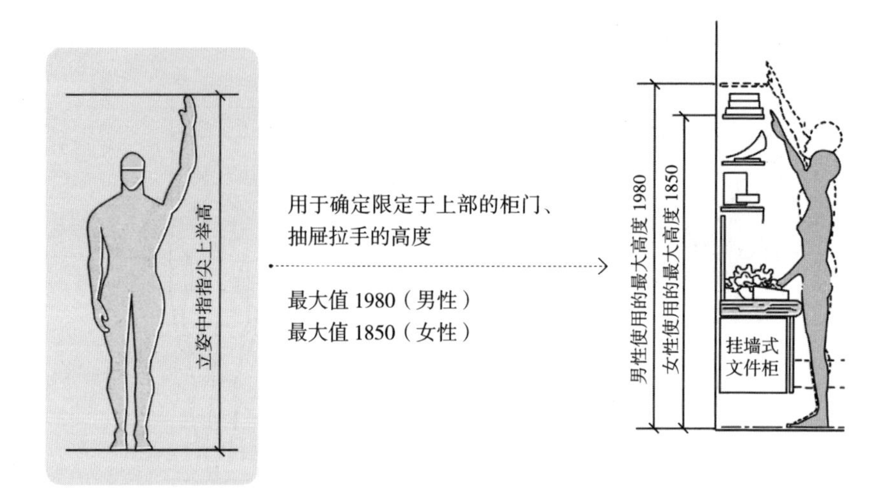
立姿中指指尖上举高
用于确定限定于上部的柜门、
抽屉拉手的高度
最大值 1980（男性）
最大值 1850（女性）
男性使用的最大高度 1980
女性使用的最大高度 1850
挂墙式
文件柜

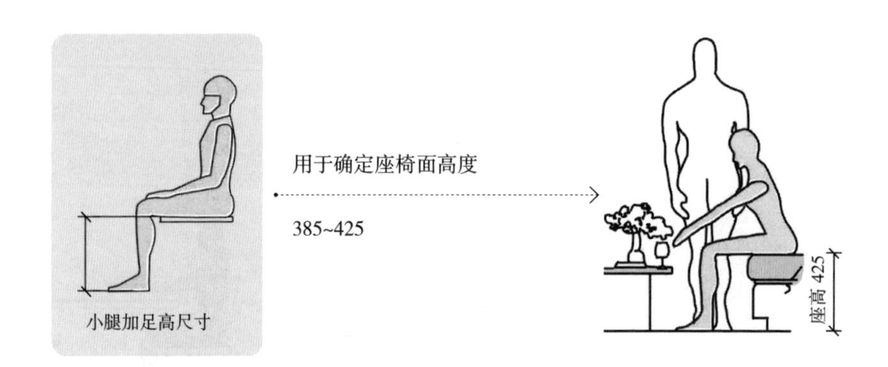
小腿加足高尺寸
用于确定座椅面高度
385~425
座高 425

2. 人体动态尺寸

① 立姿、上楼动作尺寸

站立时举起双臂的最小宽度为 1000mm；抬手、抬脚的最小宽度为 1400mm；伸平双臂需要宽度至少 1800mm；侧立举手需要宽度 1000mm；上楼活动空间最小宽度为 800mm。

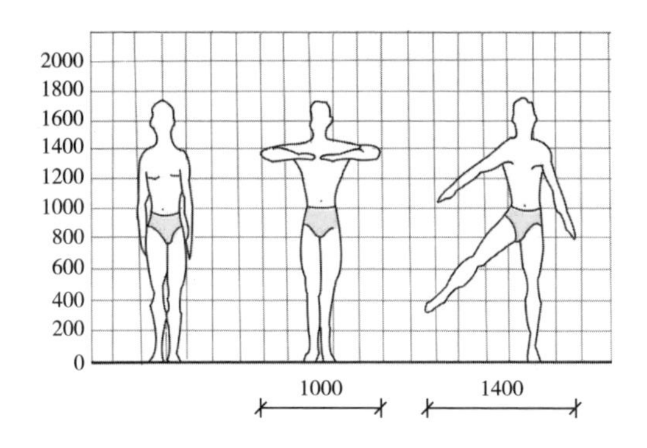

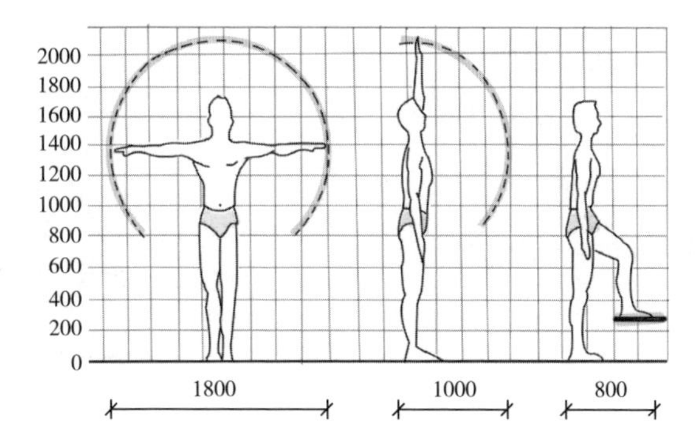

② 爬梯、下楼、行走动作尺寸

爬梯时活动空间的最小宽度为1000mm；下楼时最小宽度为1200mm；弯腰伸手的最小宽度为1400mm；人行走的步距一般为620~680mm。

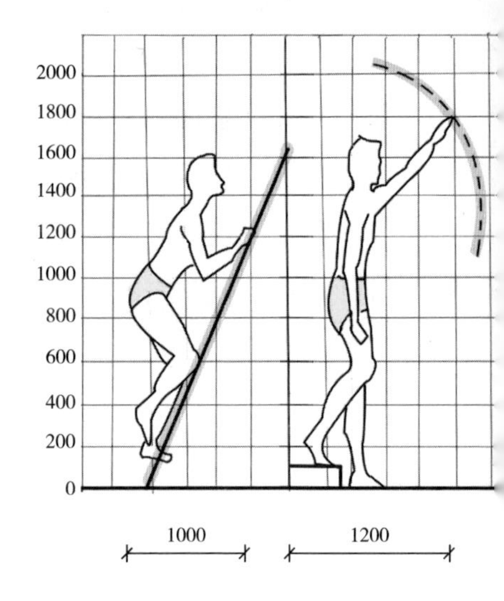

③ 蹲姿、跪坐姿动作尺寸

人蹲下来需要的宽度大约为600~1200mm；屈腿坐下的最小空间为800mm×600mm；坐下能放松伸腿的最小宽度为1600mm；跪趴宽度一般为1600mm。

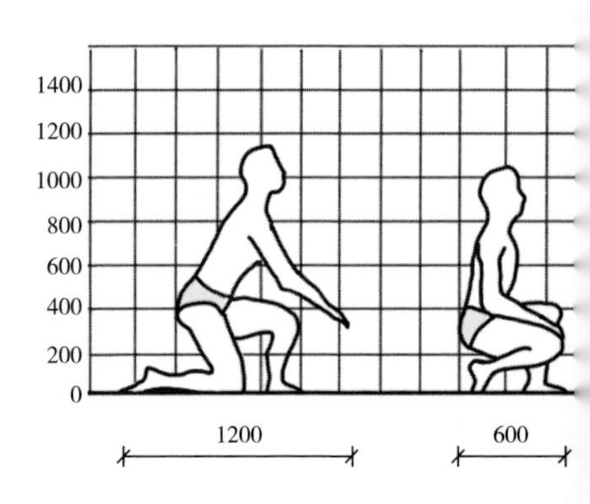

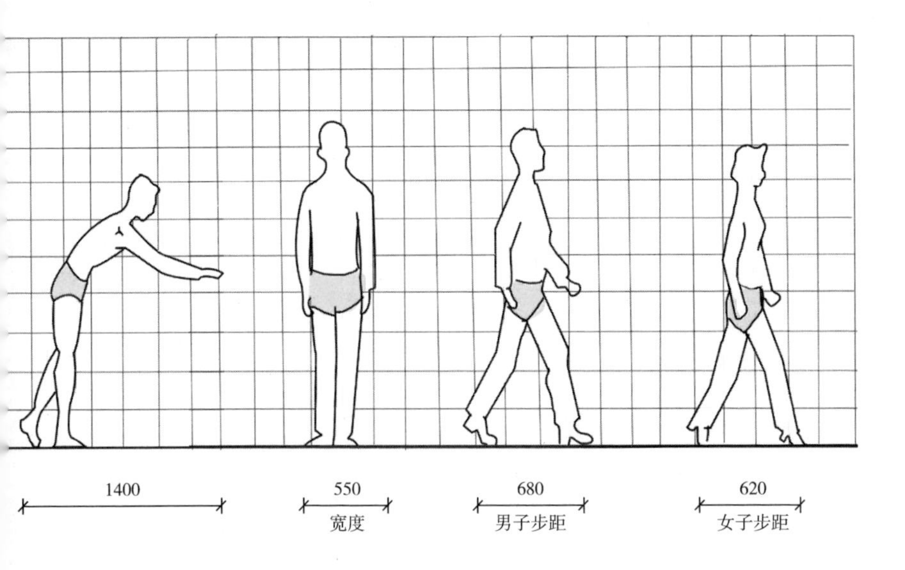
1400
550
宽度
680
男子步距
620
女子步距

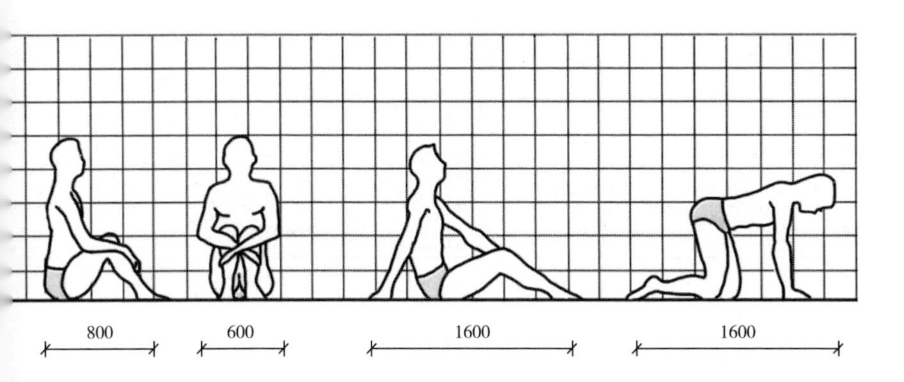
800
600
1600
1600

4 躺姿、睡姿动作尺寸

有躺椅的情况下，躺下去的宽度为1600mm；躺在床上时，人需要的活动空间大约为2200mm×1400mm；人躺着向上举手、举脚的高度是1000mm。

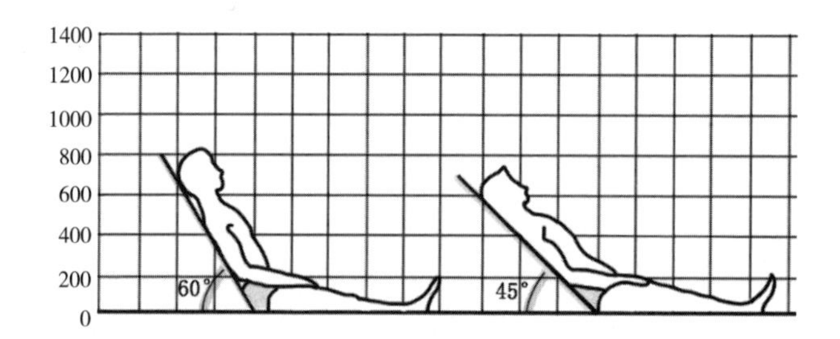

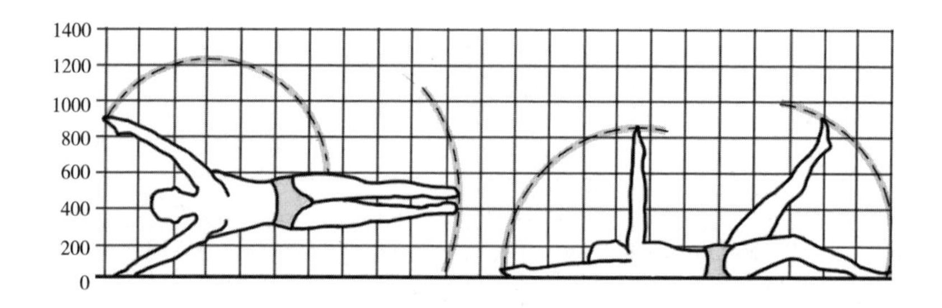

二、住宅通道尺寸

这里的住宅通道尺寸也就是室内过道尺寸，它不同于家具与家具之间的通行距离，不光要基于 550mm 的肩宽尺寸，而且还要从舒适、方便搬运等角度预留出合适的间距。

设计规范提示

根据《住宅设计规范》(GB 50096—2011)的规定：通往卧室、起居室(厅)的过道净宽不应小于 1.00m，通往厨房、卫生间、贮藏室的过道净宽不应小于 0.90m。

通道宽度

成年人的肩宽约为 550mm，为了保证正常通行，通道的尺寸肯定要大于 550mm。作为连接各个空间的住宅通道，其最小尺寸为 1000mm，适宜的通道尺寸为 1300mm。

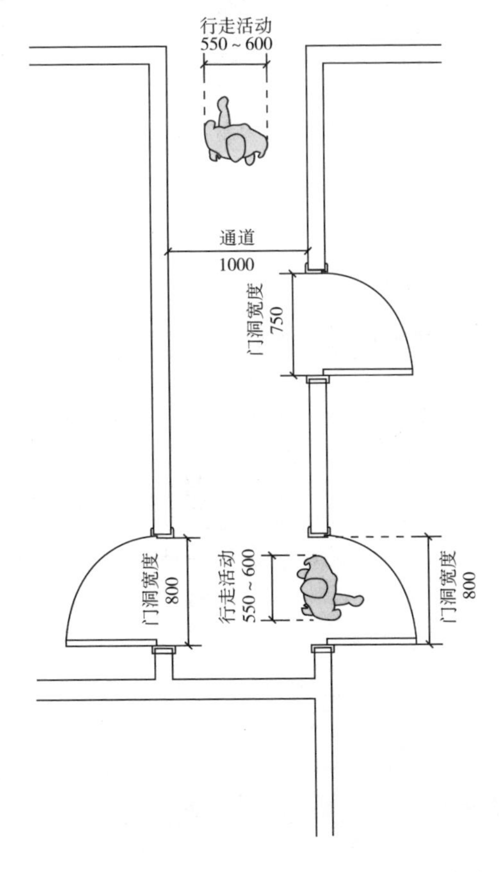

人体通行尺寸

通行尺寸中最常见到的人体尺寸便是人的肩宽（470mm），但在日常生活中，通道的间距不能仅仅以人的肩宽为标准，应该有更细致的考虑。比如厨房通道会涉及双手端物通行尺寸（750mm），连接客厅和卧室的通道会涉及双人正面通行尺寸（1200mm）等。

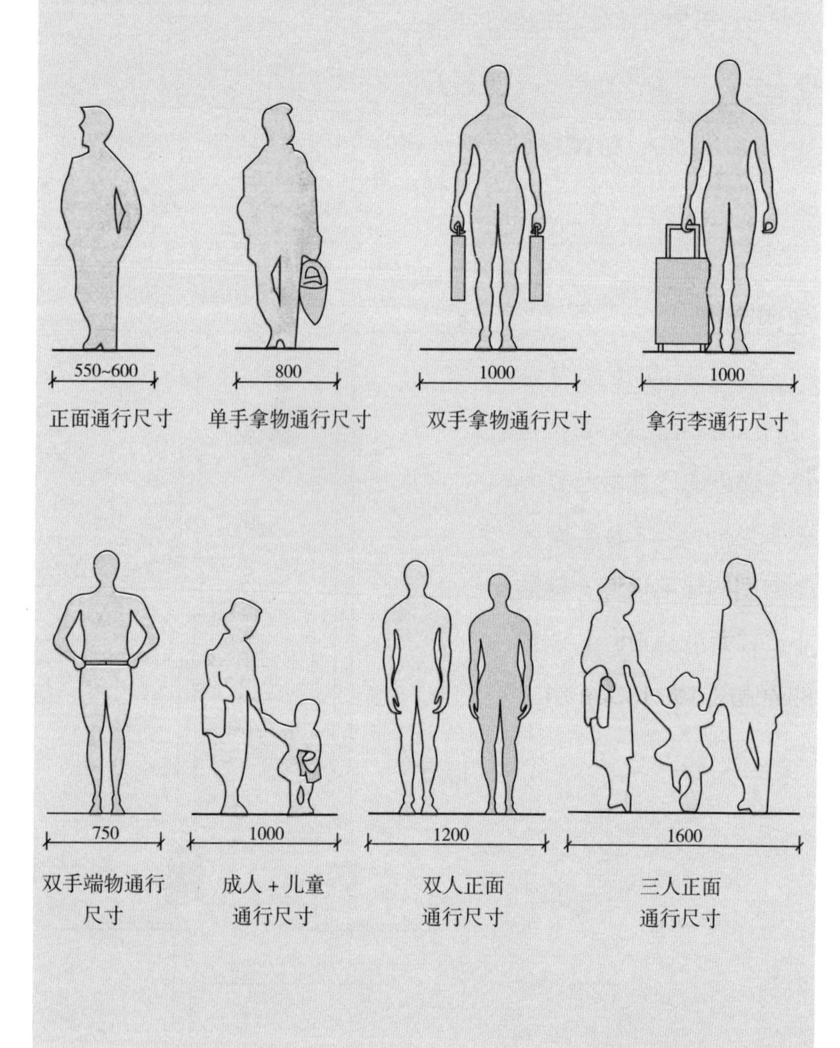

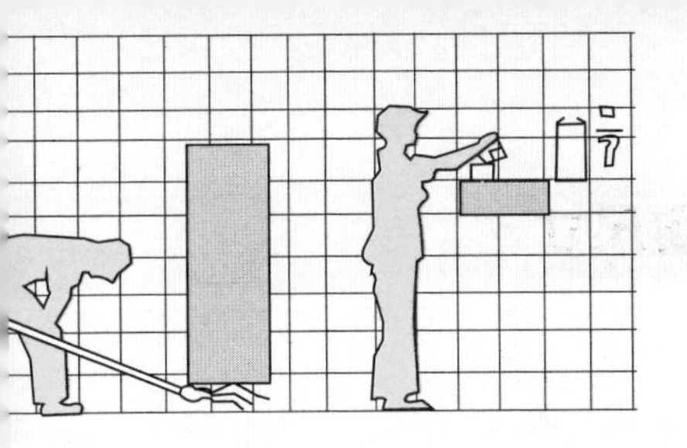

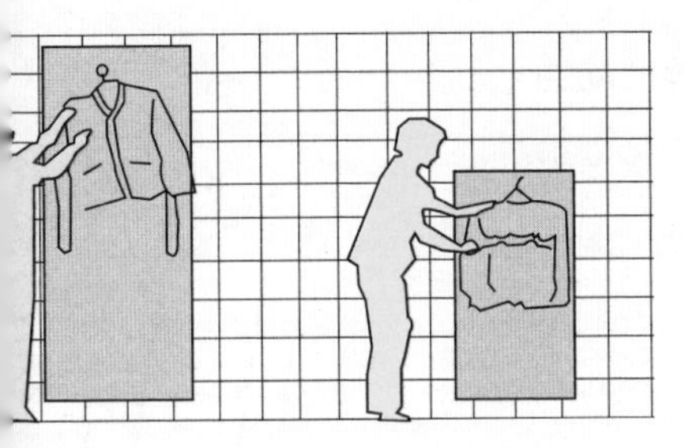

第二章
功能空间布局与尺度

要想把各个功能空间设计得合理，首先需要掌握各个空间常见的布局形式，这样可以满足人们不同的生活需求。其次要了解家具布置的尺寸，了解可以舒适生活的标准尺寸与数据。除此之外，开关、插座、灯具等细部设计也需要进行了解，这些尺寸与数据可以让整个空间的布置更加人性化与合理化。

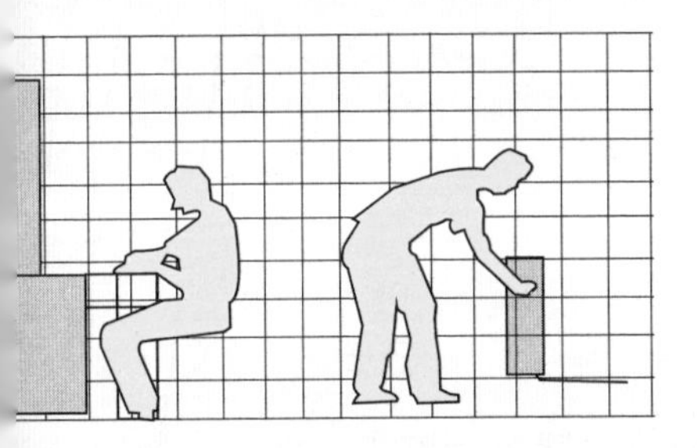

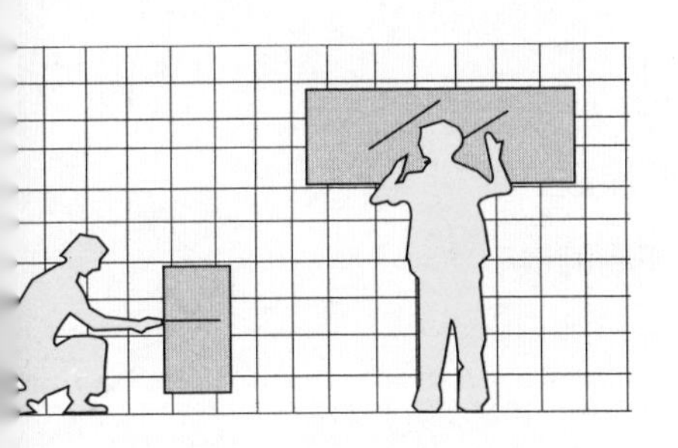

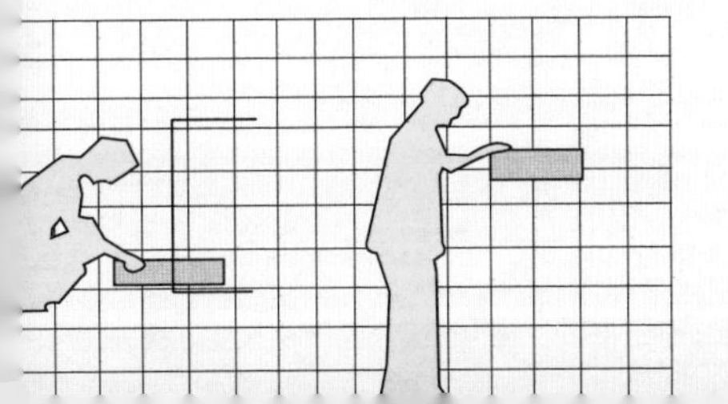

一、玄关常见布局与相关布置尺寸

玄关的布局最好可以满足两个基本需求：收纳需求和通行需求，所以玄关的布局关键在于玄关柜等收纳家具的摆放和人行走、换鞋等活动通道的充分预留。在这里我们将着重介绍比较常见的三种玄关布局：一字形、双侧形和 L 形。

设计规范提示

根据《住宅设计规范》(GB 50096—2011)中5.7规定：套内入口过道净宽不宜小于1.20m。

1. 玄关常见布局

① 玄关面积为 1.8m^2 左右，一字形布局可节约空间

如果玄关宽度在1.5~1.6m，预留出1.2m的通道宽度后，仅能在靠墙一侧设计进深最少300mm的玄关柜，这样通道 + 玄关柜布局的最小面积为1.8m^2。

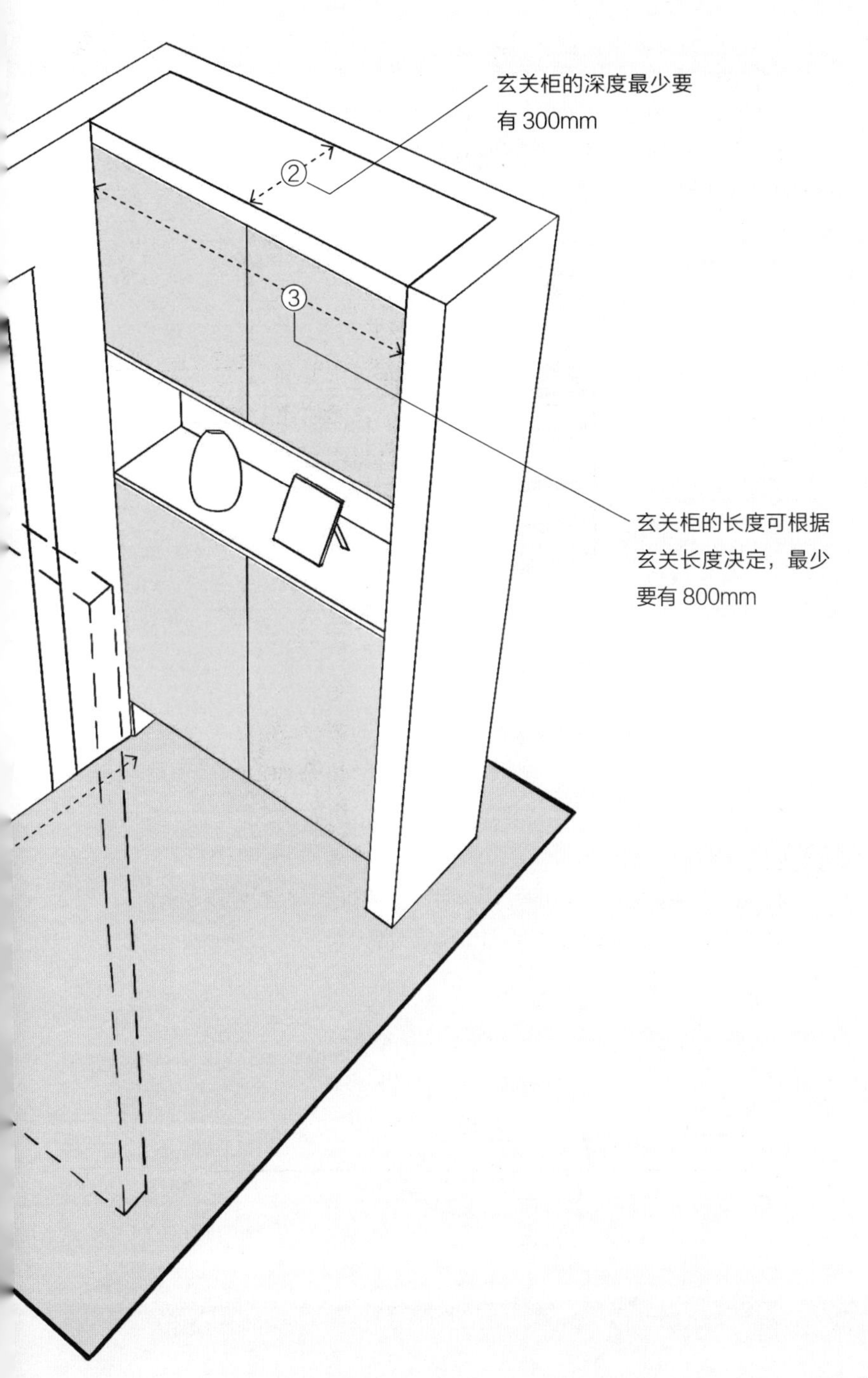
玄关柜的深度最少要
有 300mm
②
③
玄关柜的长度可根据
玄关长度决定，最少
要有 800mm

玄关柜深度由鞋长决定

玄关柜的长度一般为 800~1200mm，而柜体的进深是由鞋的长度决定的。45 码的鞋子长度为 290mm，一般尺寸不会超过 300mm，所以玄关柜的深度一般以 300~400mm 最为适当。

开放式玄关，柜体贴墙规划

开放式玄关就是常说的无玄关格局，通常打开入户门就是客厅或餐厅，此时可以在入户门左右两侧沿墙定制玄关柜，让空间显得更开阔。

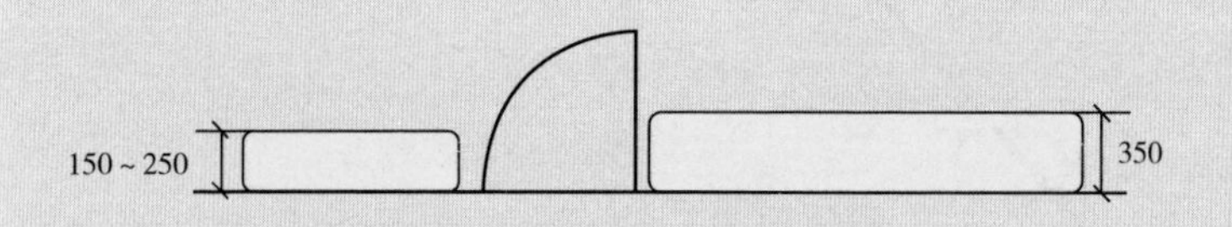

玄关柜位于入户门后侧，要注意加装 50mm 的门挡

如果入户门朝里开，置于入户门后侧的玄关柜就会与入户门互相干扰，为了避免入户门打开时撞到鞋柜，必须加装长度 50mm 的门挡，那么入户门离侧墙至少需要有 350mm 的间距。

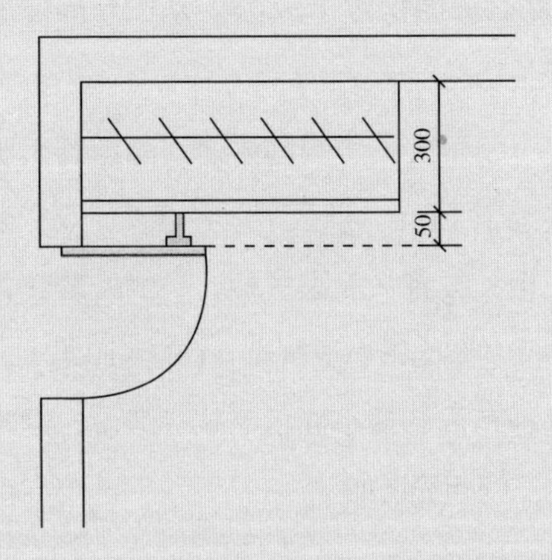

入户门回旋半径内不放柜体

如果入户门是向内开启的，那么为了保持开门及出入口顺畅，玄关柜与大门平行时要注意入户门 900~1000mm 的范围内不要放置柜体，同时要预留出足够的通行和拿取物品的距离。

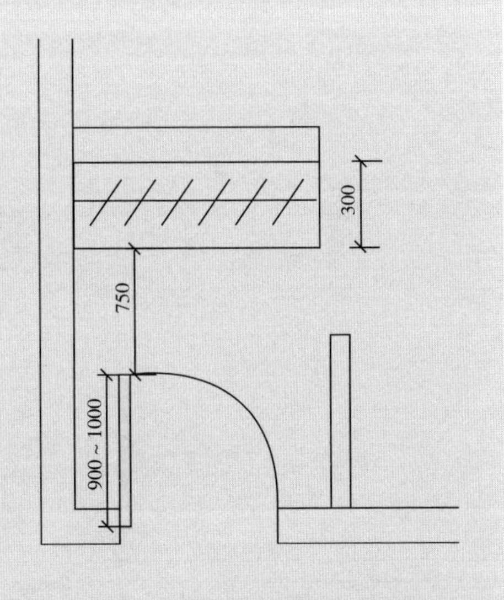

② 玄关面积为 1.92m²，双侧布局增加玄关功能

如果玄关两侧墙体之间的距离大于或等于 1.6m，那么可以考虑设计双侧玄关柜，或者一侧玄关柜、一侧换鞋凳，中间预留出不小于900mm的通道距离。这种布局的最小面积需要 2.2m²，但收纳空间明显增加。

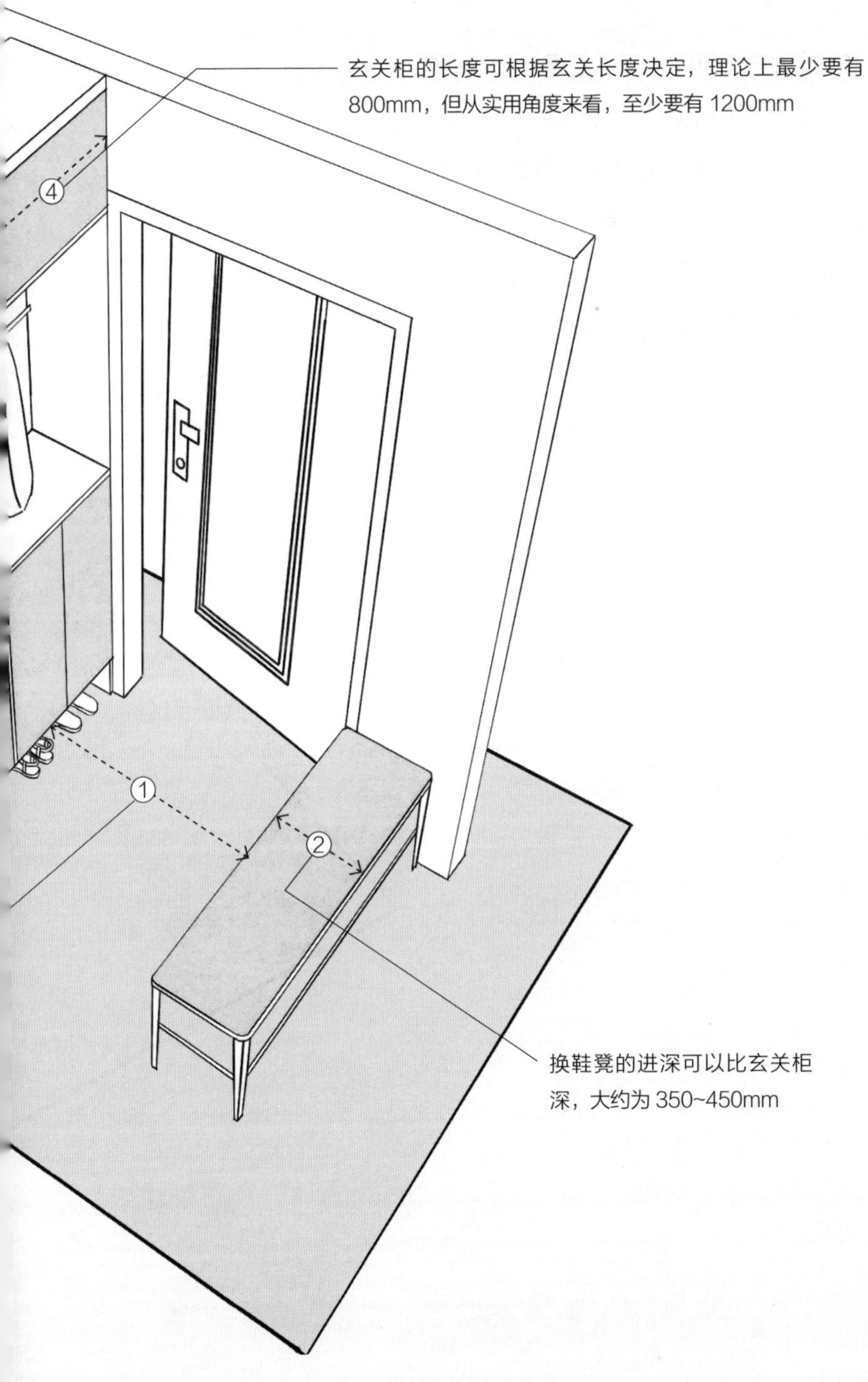
玄关柜的长度可根据玄关长度决定，理论上最少要有800mm，但从实用角度来看，至少要有1200mm
④
①
②
换鞋凳的进深可以比玄关柜深，大约为350~450mm

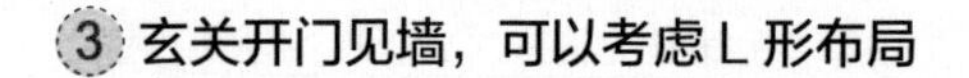

3 玄关开门见墙，可以考虑L形布局

玄关开门见墙，可以考虑L形布局，靠墙设计一排玄关柜或者换鞋凳，但要注意玄关进深要大于等于1.5m，这样才能放得下进深300mm的玄关柜，同时柜前能预留出900mm以上的活动距离。

玄关通道的距离不应小于1200mm

入门通道宽度不应小于门洞宽度，即800mm

①

②

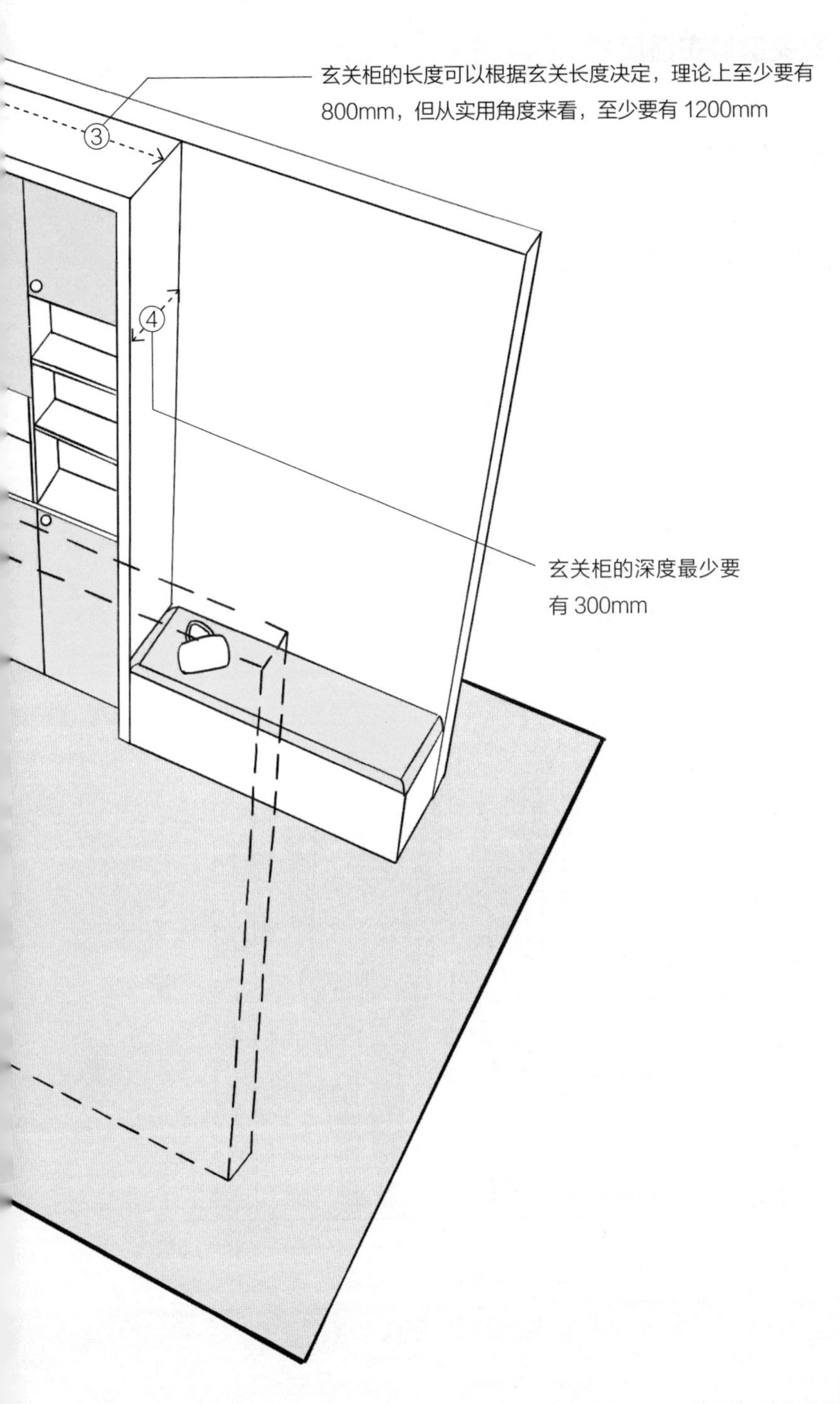
玄关柜的长度可以根据玄关长度决定，理论上至少要有800mm，但从实用角度来看，至少要有 1200mm
③
④
玄关柜的深度最少要有 300mm

2. 玄关家具布置尺寸

① 玄关柜前通行间距预留

玄关柜前除了预留出 550~600mm 的行走距离外，还要注意预留出 450mm 以上的侧立距离。这样可以保证一人在拿取物品时，不影响另一个人通过。

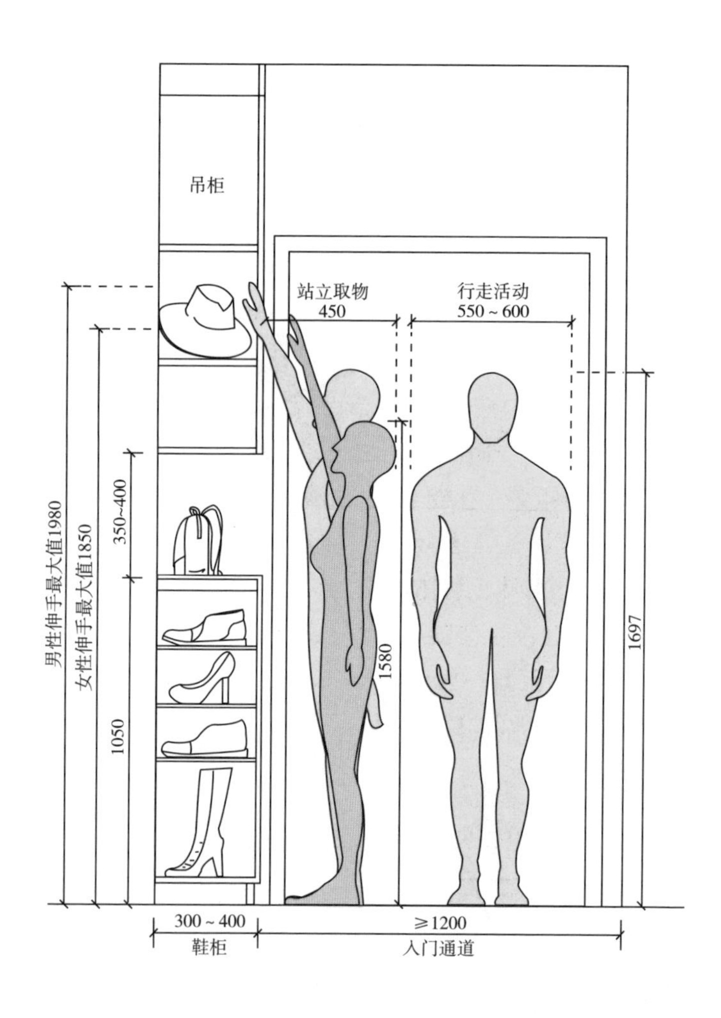

② 玄关柜到换鞋凳距离

如果在玄关布置换鞋凳，那么就要考虑就座换鞋的极限值，一般为 900mm。

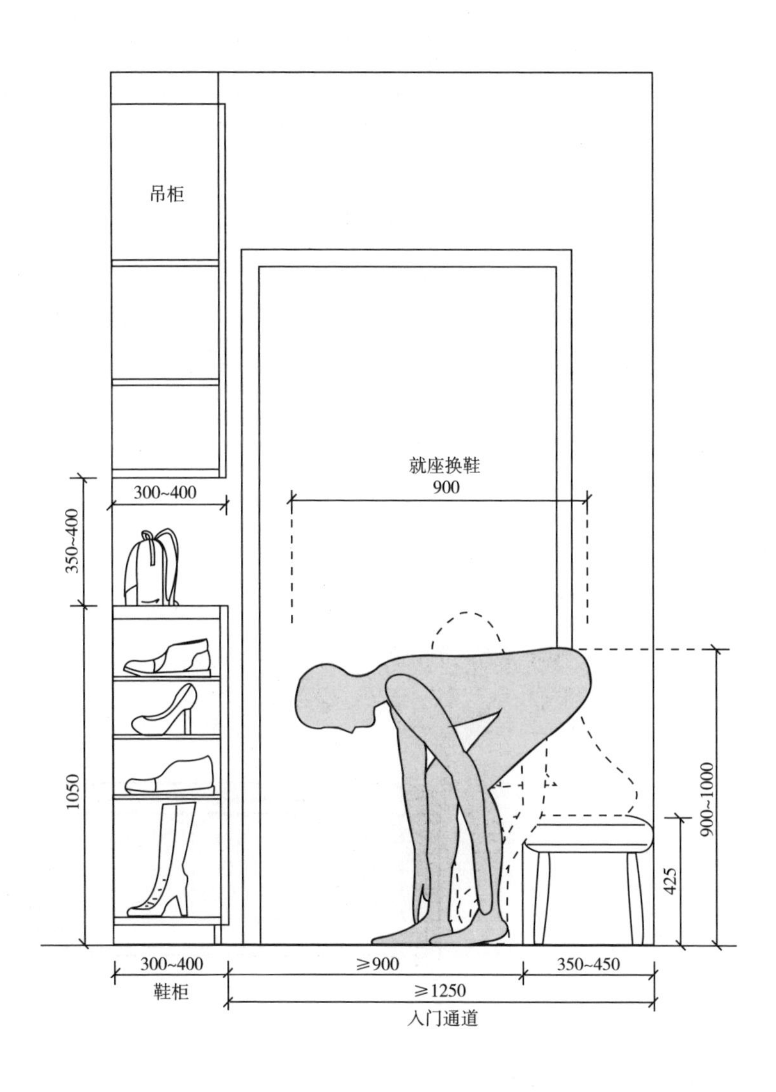

③ 定制玄关柜尺寸

定制玄关柜的样式很多，尺寸也会随着玄关面积的不同而改变，唯一不变的是其收纳物品的种类与尺寸。玄关柜最常收纳的是鞋子、衣帽，偶尔也会收纳清洁工具、运动用品，常见尺寸如下。

≥1250
130~140
可挂衣服、放清洁工具
放普通运动鞋、拖鞋、平底鞋等

3. 玄关软装布置高度

① 玄关挂画与摆件布置高度

玄关如果选择了较矮的鞋柜款式，那么通常会在鞋柜上或墙上布置装饰来改善氛围。要注意，在墙上布置挂画时，挂画的悬挂高度以平视视点在画的中心或底边向上 1/3 处为宜，这样访客一进门就能看到。如果挂画下面同时要摆放一些装饰品，那么这些装饰摆件的高度不能超过挂画的 1/3。

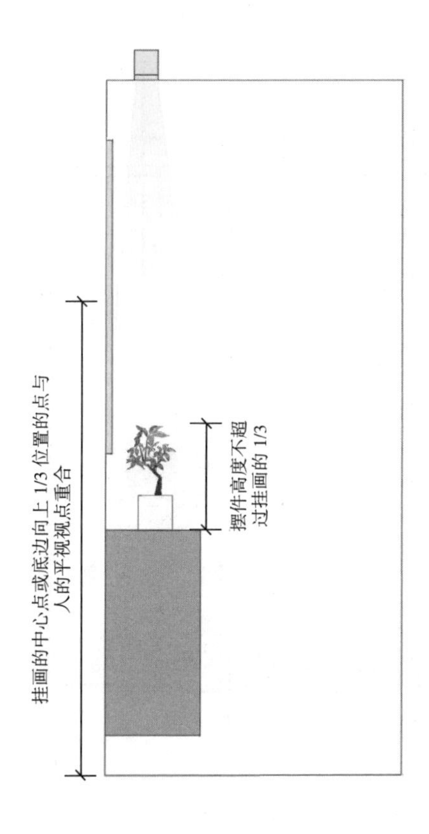

玄关多幅挂画悬挂尺寸

如果悬挂两幅以上的挂画，需要找到整组画的中心点来计算挂画的左右高度和上下高度。另外，多幅挂画的画框与画框之间的距离为50mm，太近显得拥挤，分隔太远会形成两个视觉焦点，整体性大大降低。

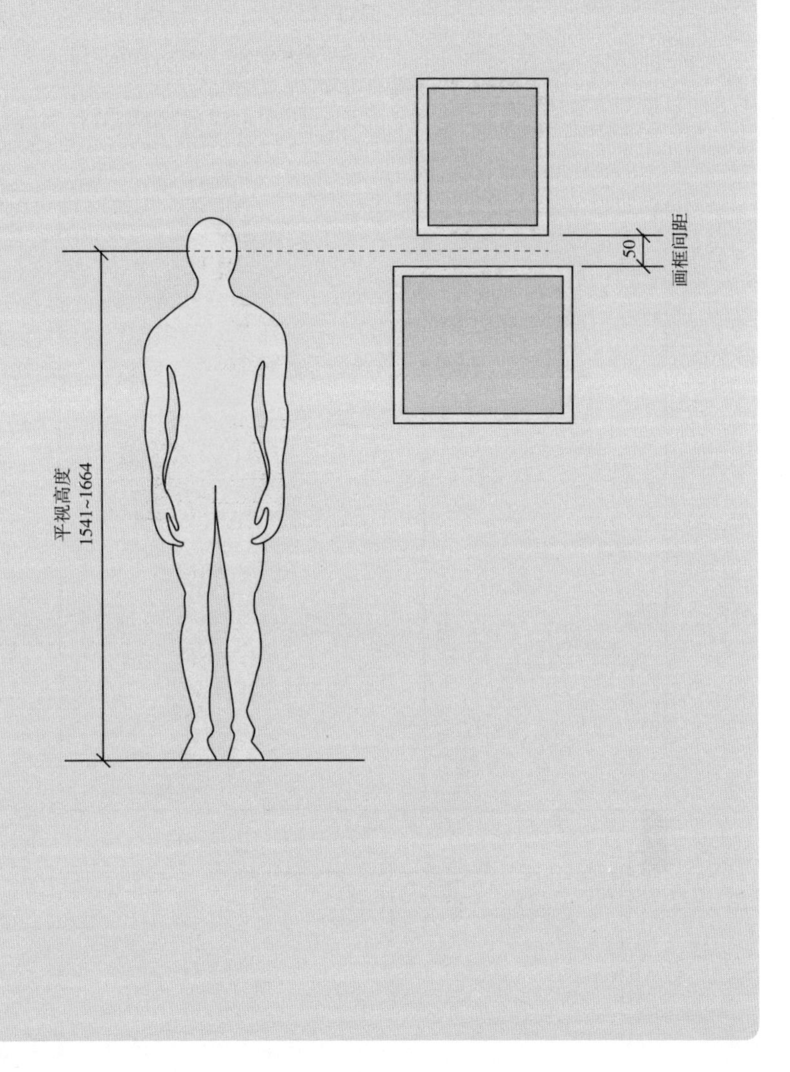

② 玄关灯具布置尺寸

玄关的照明方式一般是混合照明，面积较大的玄关可以选择吊灯、吸顶灯等装饰性较强的灯具；面积较小的玄关最好用宽光束的筒灯来保证均匀的照度。需要局部照亮特定部分，如玄关柜内时，可使用射灯、线条灯等。

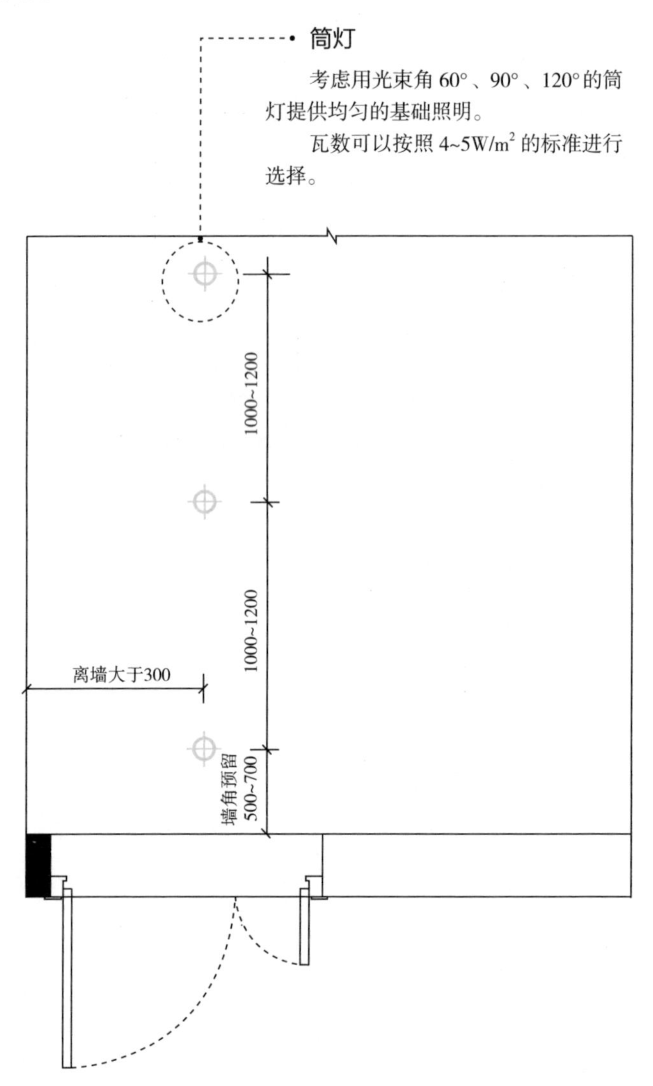

玄关需要用间接照明烘托回家气氛。将照明灯具融入玄关柜之中，既能为玄关带来适当的间接照明来烘托氛围，又不会产生电线凌乱等问题。

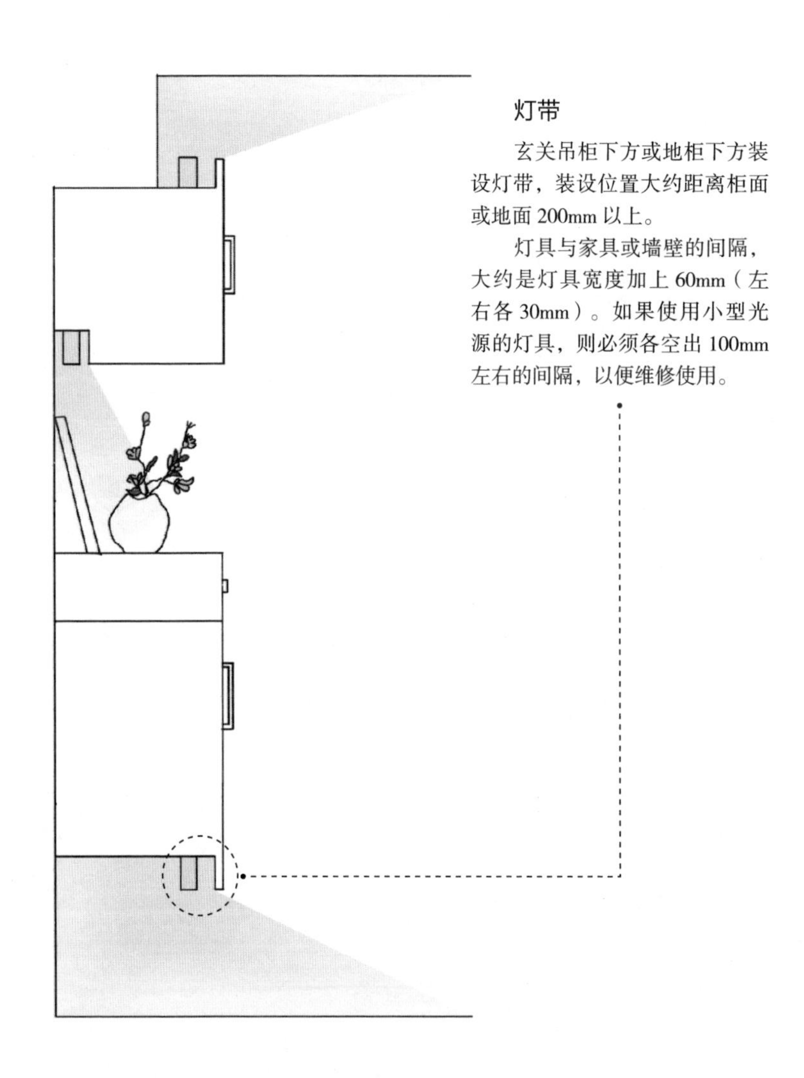

柜底灯带形成地面倒影的解决方法

在玄关柜的最下层隔断，常会设置一个灯带，虽然可以照亮地面，但如果地面是反光材质，那么就会出现灯带的影子，想要解决这个问题可以用以下两种方法：一是用小挡板挡住灯带，以免灯光倒映在地板上；二是使用透光扩散板将光线打散。

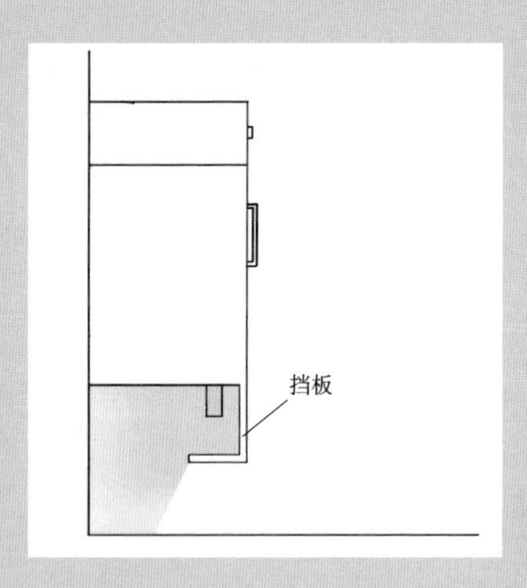

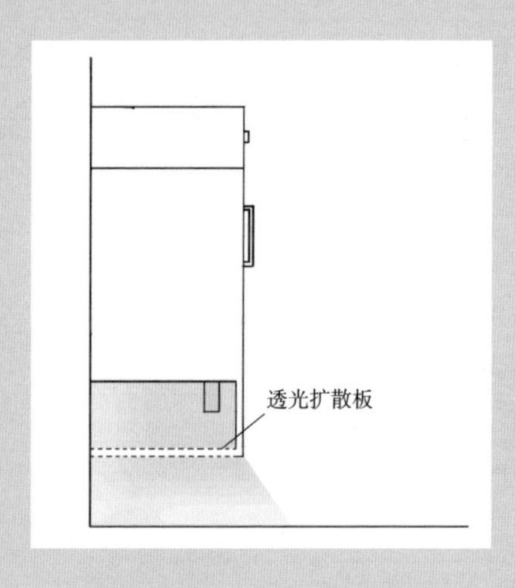

4. 玄关开关、插座安装高度

可以在入口处设计一个高度 1300mm、可控制玄关和客厅光源的开关。玄关插座建议预留 2~3 个（为烘干机、扫地机器人等预留）。玄关通常配置有强电箱、弱电箱、可视对讲、夜灯，其安装高度分别为 1700mm、300mm、1300mm、150mm。

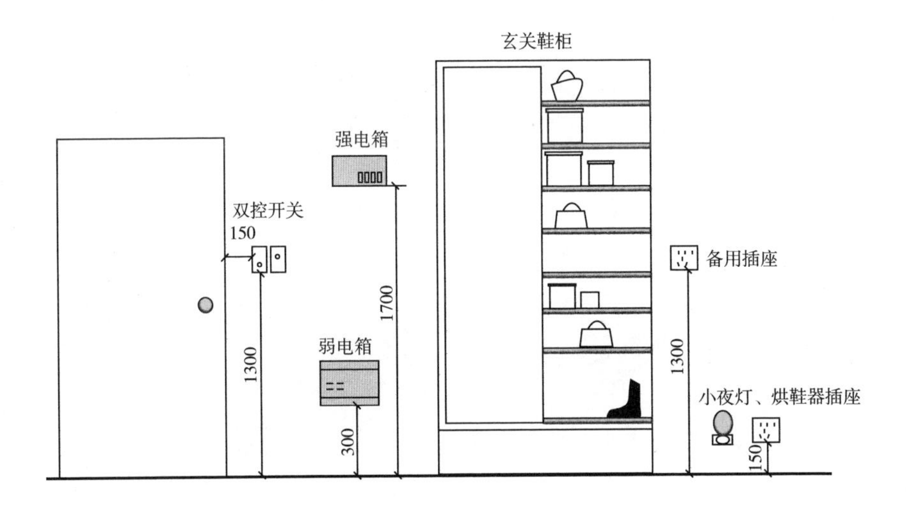

二、客厅常见布局与相关布置尺寸

客厅的布局由不同的使用需求决定。不同的布局，家具布置尺寸不同。除此之外，客厅是整个家的“门面”，也需要注意软装布置的合理。为了保证使用的便利性，提前规划开关、插座的安装位置也是非常重要的。

① 沙发高度在 350~420mm 更舒适

② 三人用沙发深度为 800~900mm

③ 三人用沙发长度为 2100~2400mm

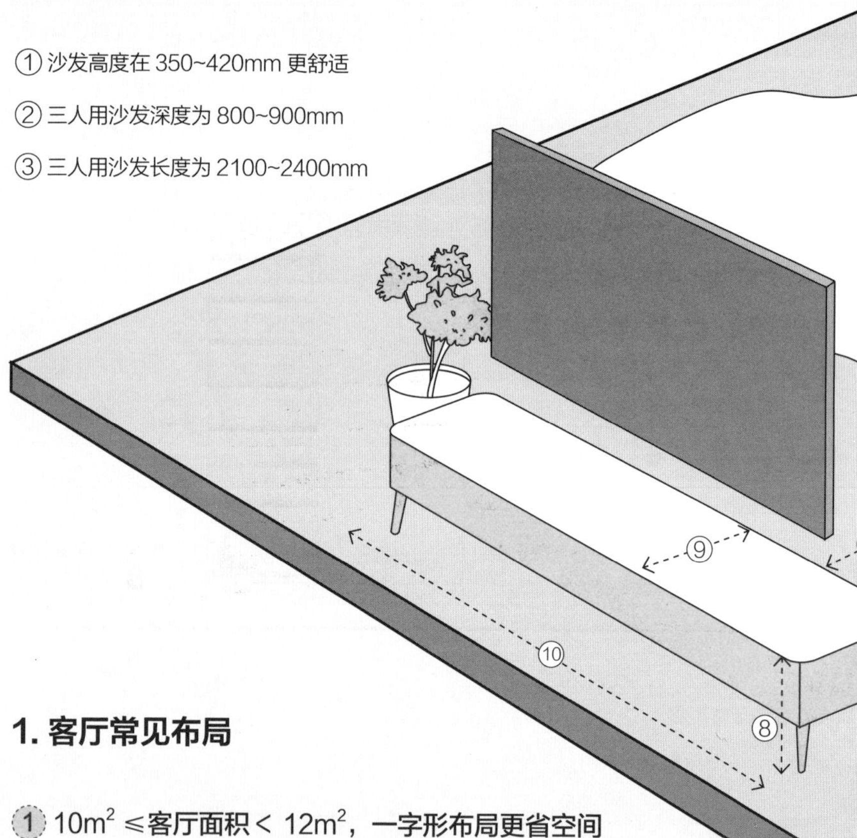

1. 客厅常见布局

① $10m^2$ ≤客厅面积＜ $12m^2$，一字形布局更省空间

面积在 $10\sim12m^2$ 的客厅，且呈现方形格局，此时空间的深度和宽度都有所限制，建议以一字形的双人沙发或三人沙发加上茶几为标准配置。

设计规范提示

根据《住宅设计规范》（GB 50096—2011）中 5.2 规定：起居室（厅）的使用面积不应小于 10m²，起居室（厅）内布置家具的墙面直线长度宜大于 3m。

④边几宽度为 450~600mm

⑤茶几与沙发边的距离不应小于 300mm

⑥茶几高度为 450mm

⑦茶几到电视柜的最小距离为 700mm

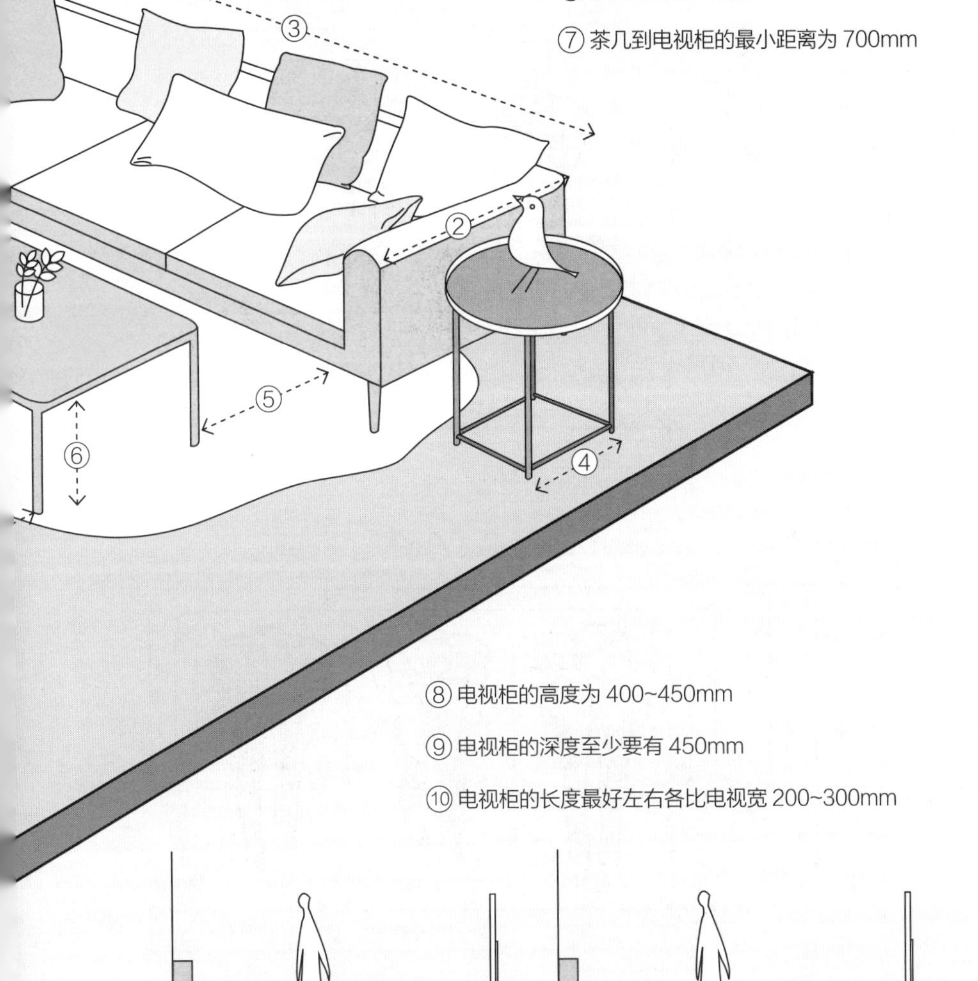

⑧电视柜的高度为 400~450mm

⑨电视柜的深度至少要有 450mm

⑩电视柜的长度最好左右各比电视宽 200~300mm

双人沙发 / 三人沙发尺寸

双人沙发长度宜为 1470~1720mm，三人沙发的长度宜为 2130~2430mm，深度都宜为 800~900mm。

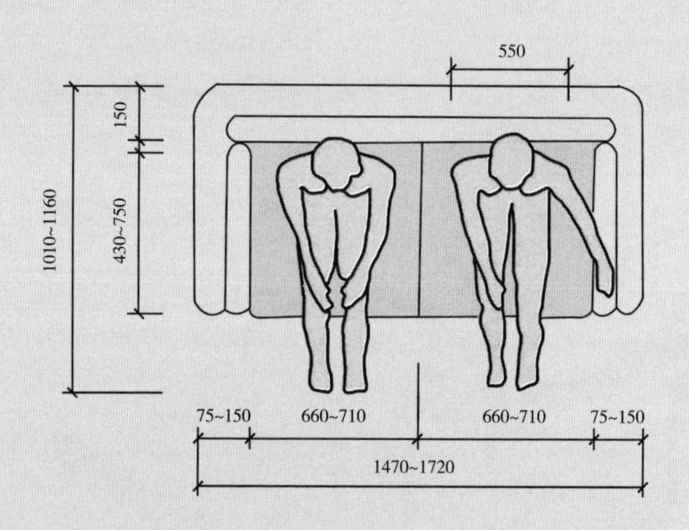

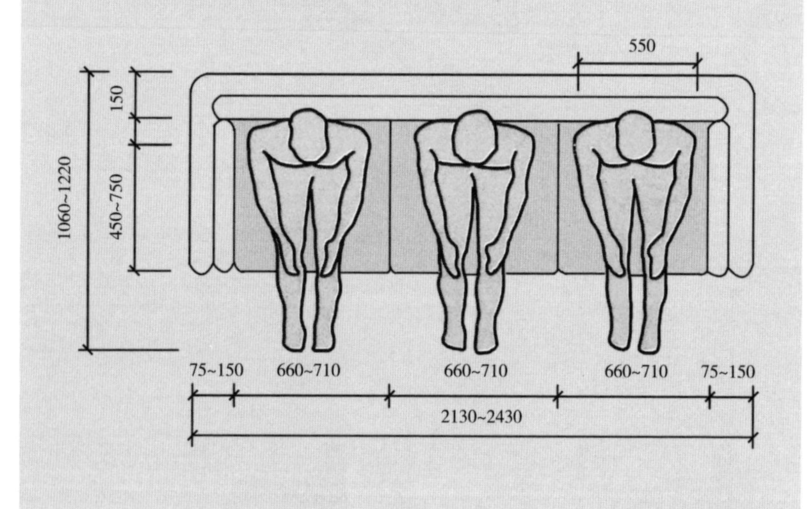

② 客厅面积≥ 12m²，可考虑面对面布局

面对面的布局更侧重交流功能，这种布局需要的面积要比一字形的布局大。如果客厅的宽度大于 3m，可以考虑将三人沙发换成转角沙发或四人沙发，也可以在沙发旁边增加小边几或灯具等家具装饰；如果客厅长度大于 4m，通行距离可以适当放宽到 1.2~1.5m。

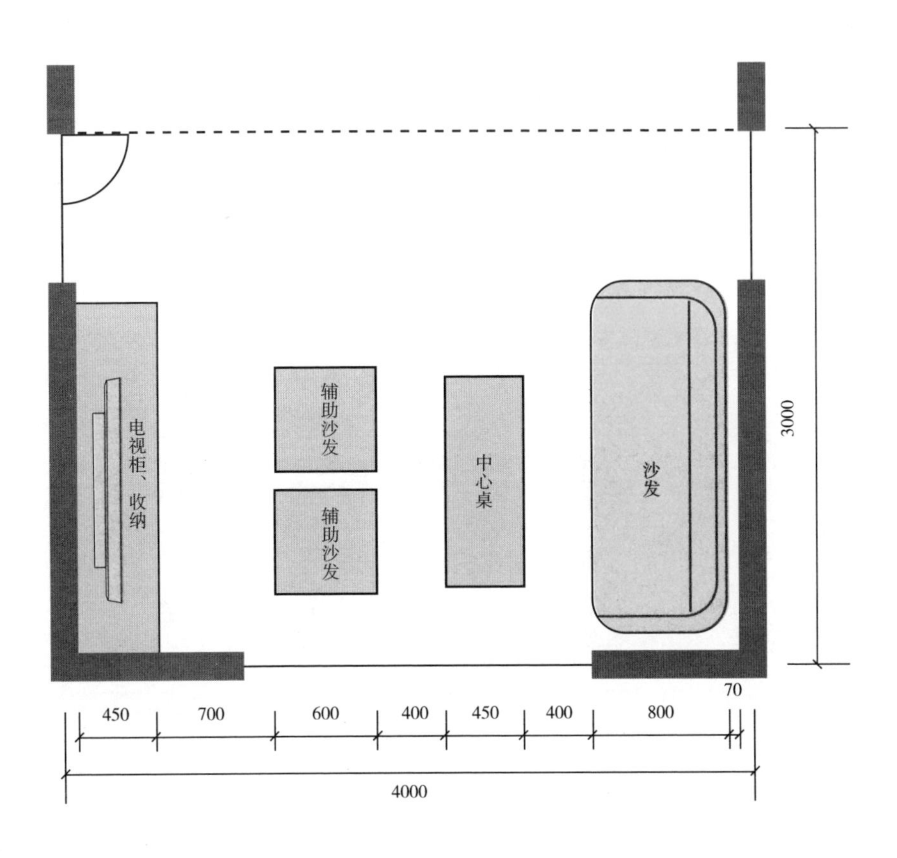

单人沙发 / 四人沙发 / 转角沙发尺寸

单人沙发的长度宜为 810~1010mm，四人沙发的长度宜为 2990~3140mm 左右，转角沙发的长度宜为 2800~3400mm。

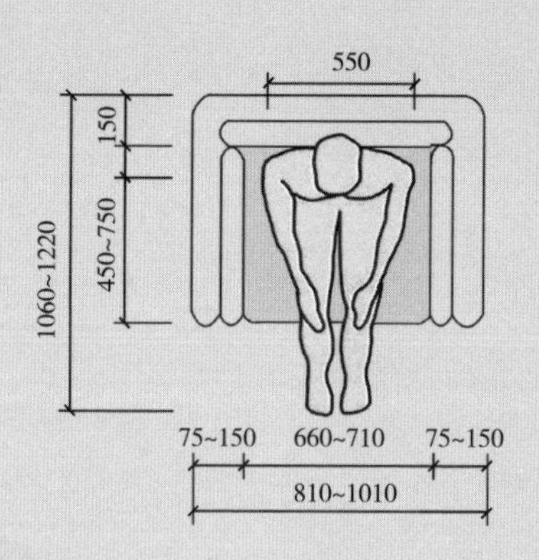

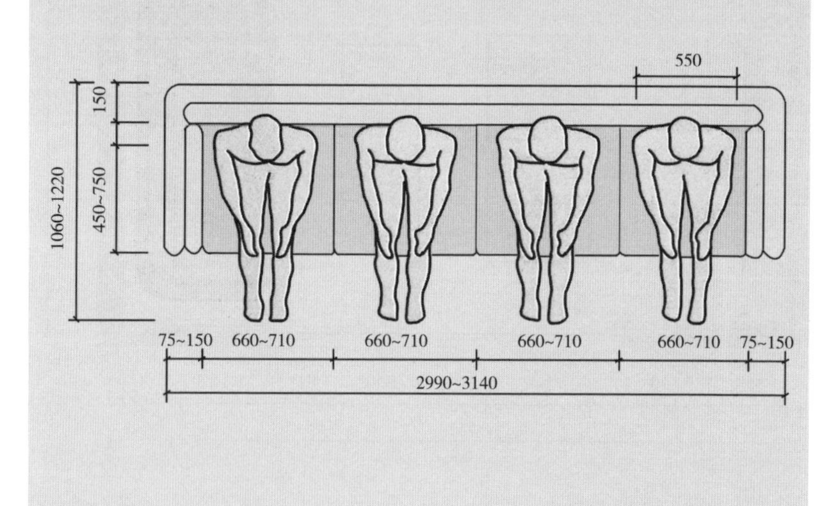

沙发与沙发墙的宽度比例为 3 ： 4

按照沙发墙宽度选择沙发宽度，这样看上去会更协调。比如 3m 的沙发墙，可以选择宽度 2.25m 左右的沙发。

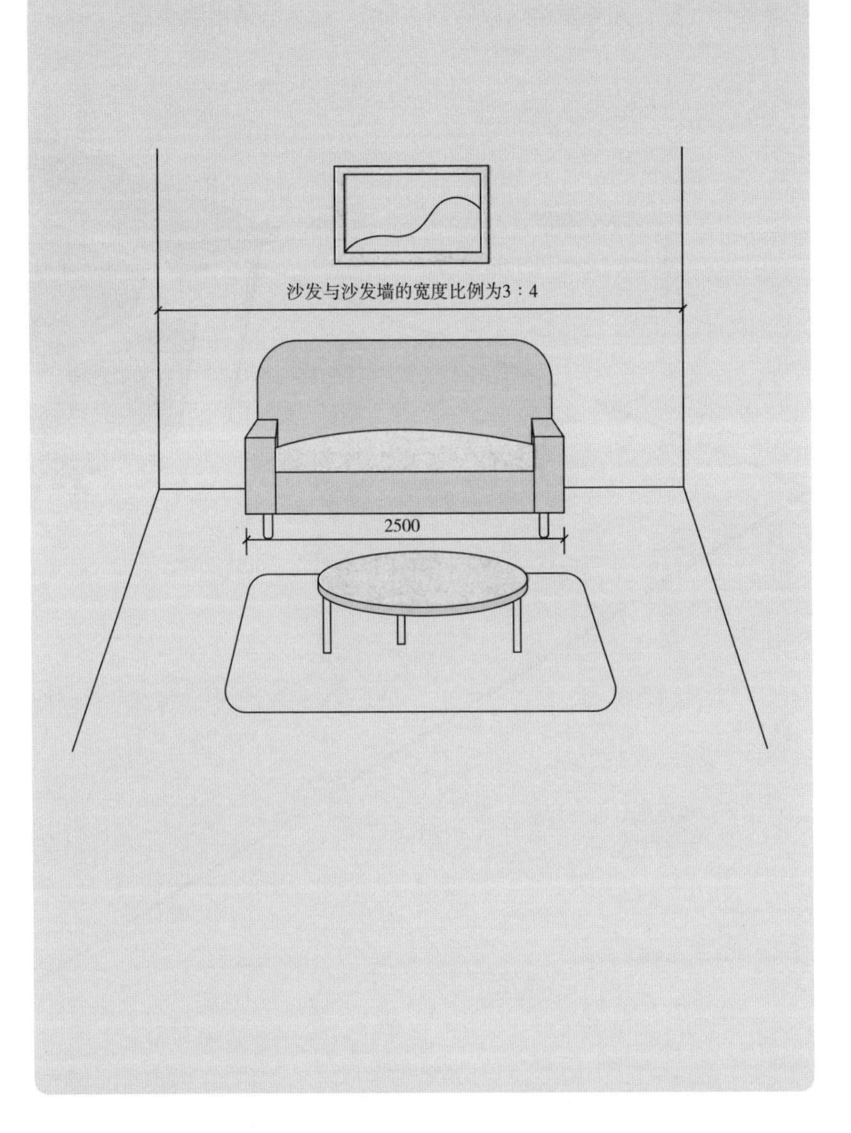

③ 客厅开间大于进深，选择横厅布局

常见的竖厅中，沙发和电视都靠墙，开间小于进深。不同于竖厅，横厅的开间大于进深，所以空间的可能性更多。因为开间长，所以可以利用沙发背后的空间打造开放式书房、餐厅等，这部分通道空间至少需要 1m 宽，如果宽度可以做到 1.5m，那么舒适度会更高。

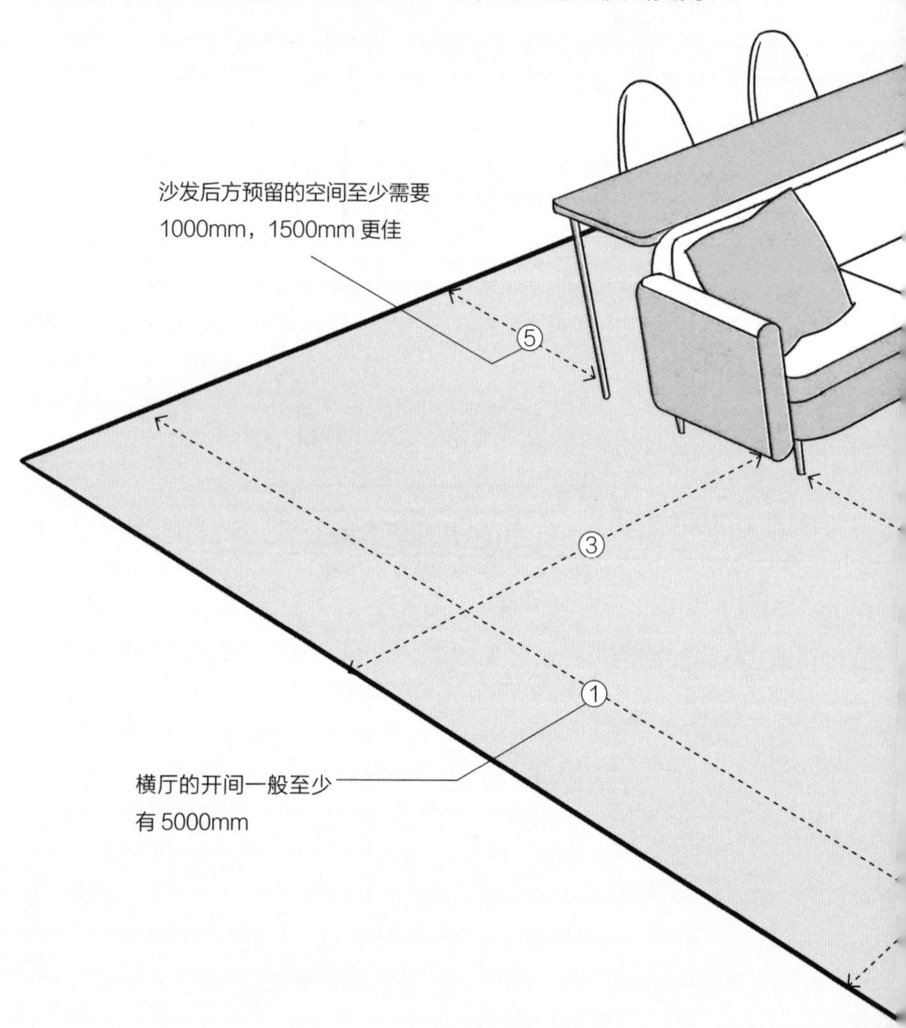

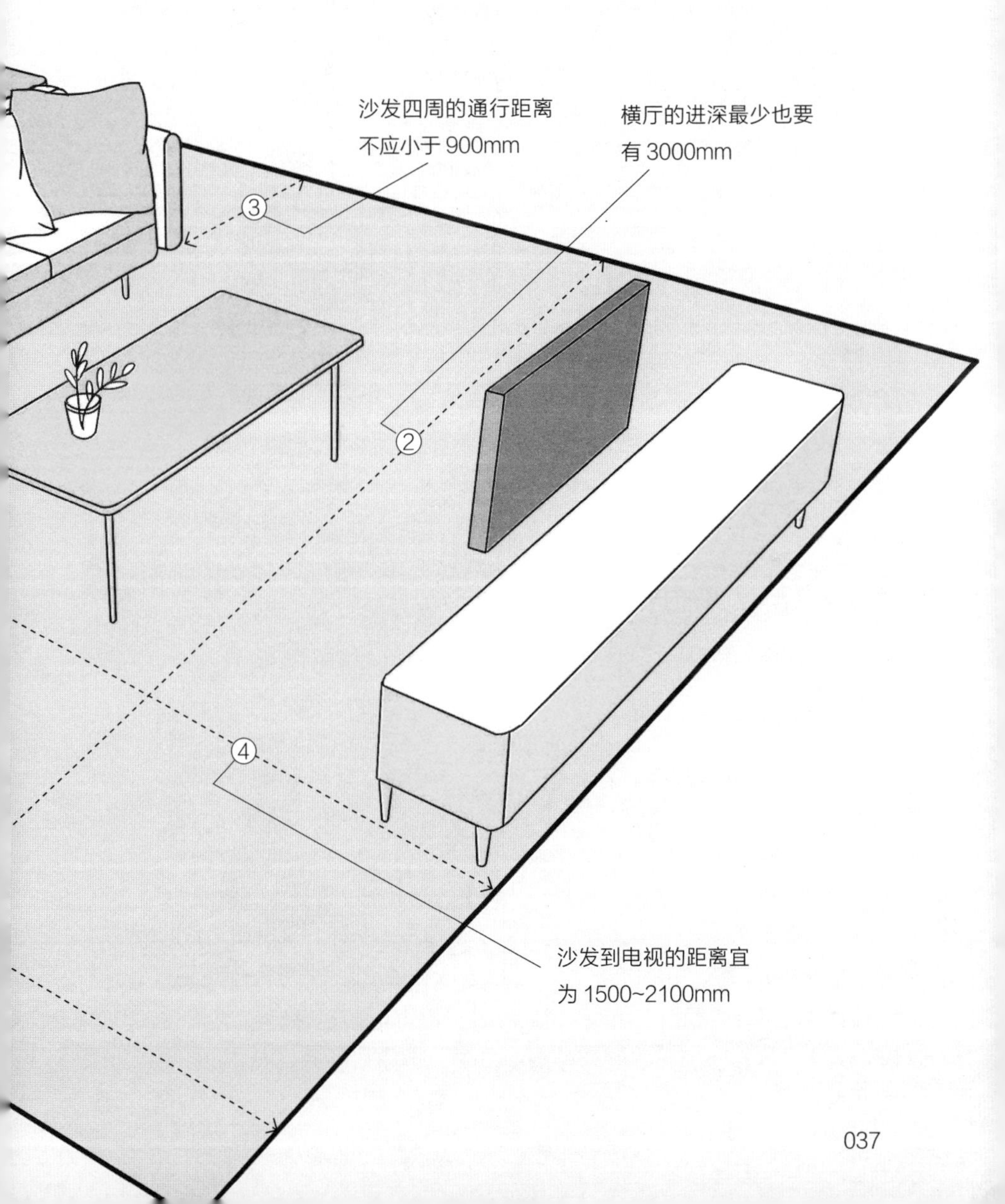
沙发四周的通行距离
不应小于 900mm
横厅的进深最少也要
有 3000mm
③
②
④
沙发到电视的距离宜
为 1500~2100mm

客厅柜体收纳尺度

如果打算在横厅加入书房功能，可以考虑靠墙设计一面书柜或收纳柜，不仅增加了客厅的功能，还能增加收纳空间。

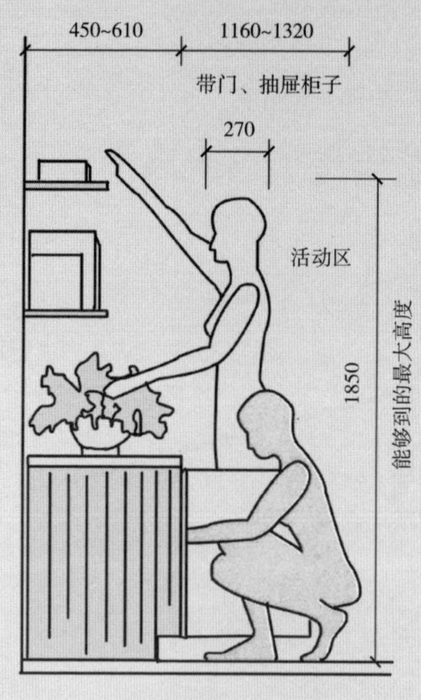

靠墙柜橱（女性）

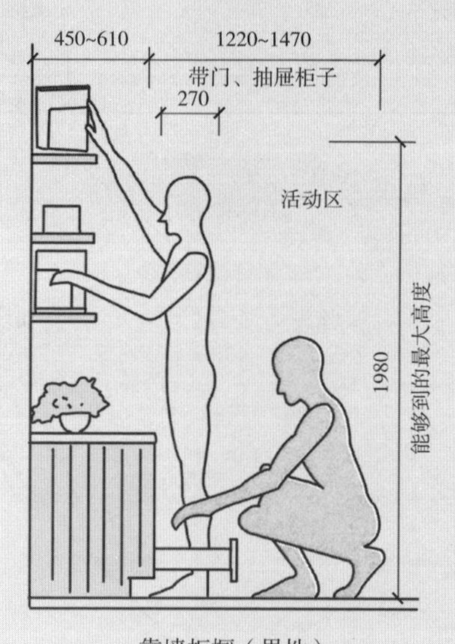

靠墙柜橱（男性）

2. 客厅家具布置尺寸

① 沙发与茶几距离

沙发与茶几之间的间距可以取 300mm，但最佳标准间距是 400~500mm，这个距离人坐下后可以伸展双腿，并且能够轻松拿到茶几上的物品。如果希望沙发与茶几之间的间距足够一个人通过，则可以预留 760~910mm 的间距。

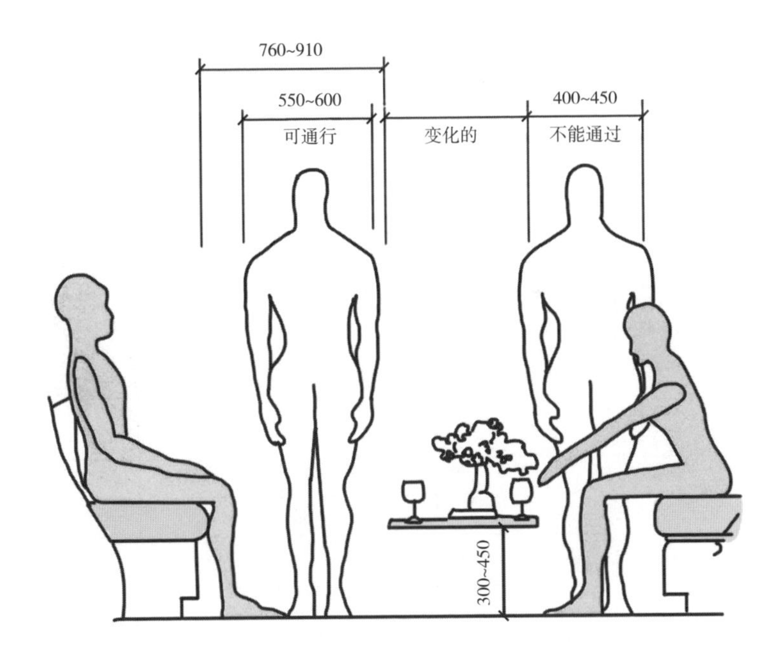

② 沙发与电视距离

沙发到电视之间的距离通常由电视的大小决定，一般距离为1500~2100mm。具体可以根据公式计算出最佳间距。

公式如下：

视听距离（m）= 电视屏幕高度 ×3

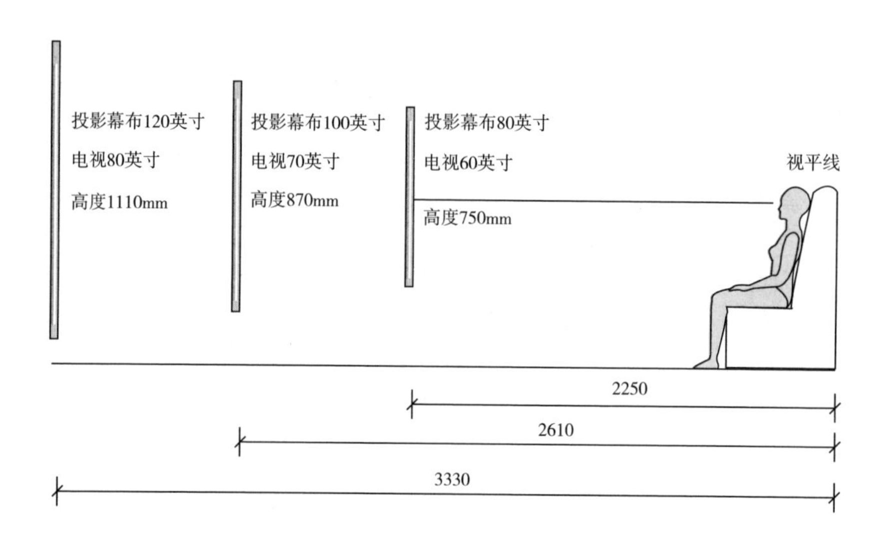

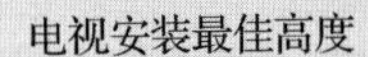

电视安装最佳高度

电视的悬挂高度（这里的悬挂高度是指屏幕中心点到地面的距离）取决于沙发的高度和人的身高，人坐着时的视平线高度在 1030~1300mm 之间，通常屏幕中心点高度要比坐姿视线高度略低 100mm，因此电视悬挂的最佳高度在 930~1200mm。

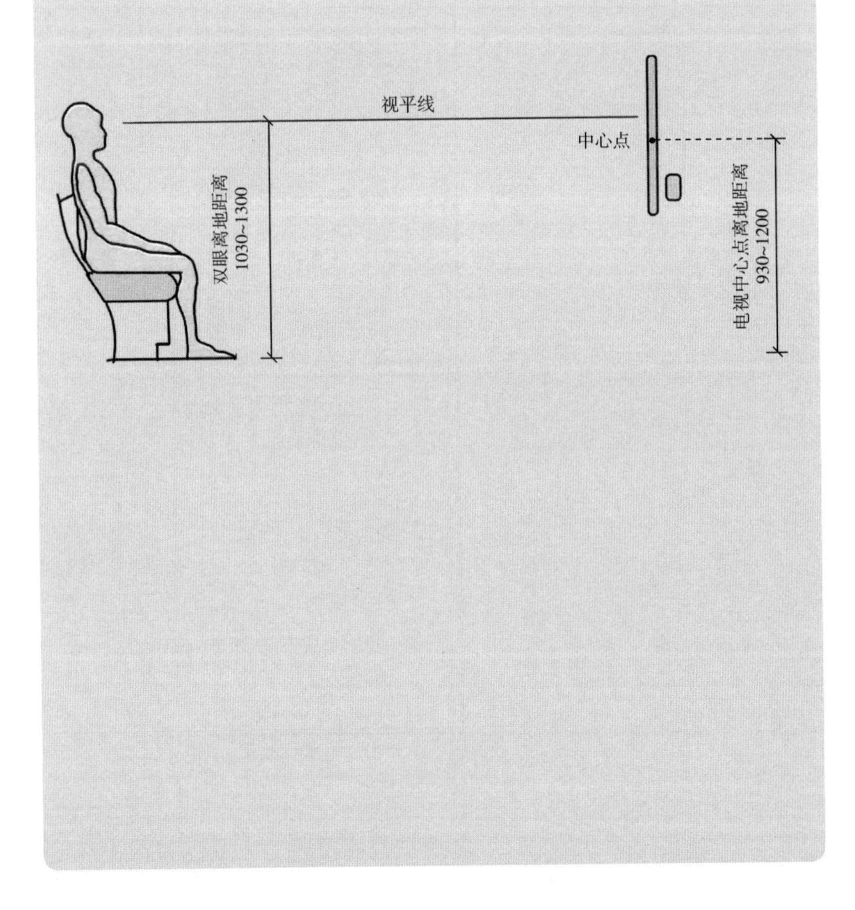

③ 定制电视柜尺寸

客厅是全家人活动的公共区域，一般会有 70% 的公共物品，粗略地可以分为：书籍类、药品类、玩具类、文件类、影集类、收藏类和电子产品类。虽然它们尺寸各异，但只要把握高度和宽度的极限值，便能定制出合适的柜子。

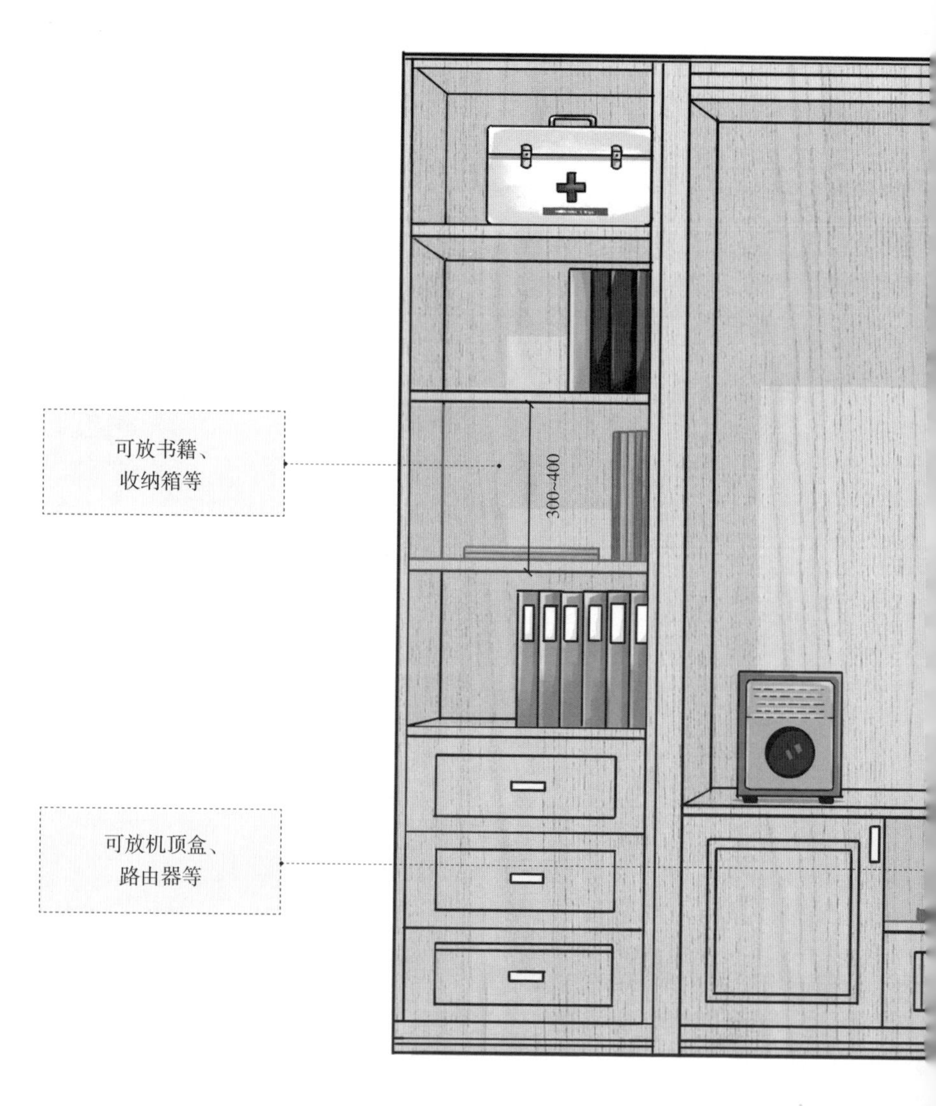

可做成开放式柜格，
放一些手办收藏品
可放零碎物品的抽屉
350~450
150~200
150~250

3. 客厅软装布置高度

① 客厅挂画布置高度与宽度

客厅挂画最适宜的悬挂高度是挂画中心点略高于视平线 100~250mm 的位置，所以适宜的悬挂高度大概为离地 1500~1700mm。挂画的宽度不宜小于沙发宽度的 2/3，例如，沙发长 2m，那么挂画的宽度应为 1.3m 左右。

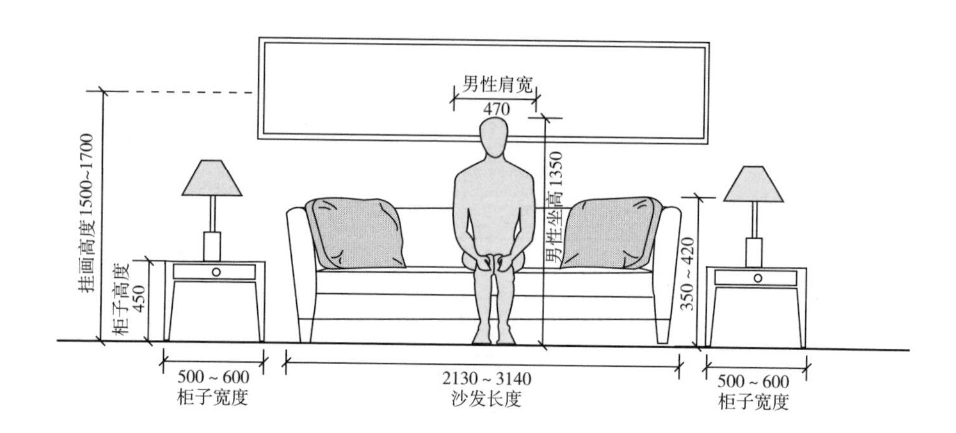

② 客厅灯具安装高度

客厅灯具的布置可以根据吊顶的形状决定，但大多数客厅采用的是混合照明的方式，既要考虑一般照明（基础照明），又要考虑局部照明。这里我们着重介绍不同吊顶下的灯具布置方案与尺寸。

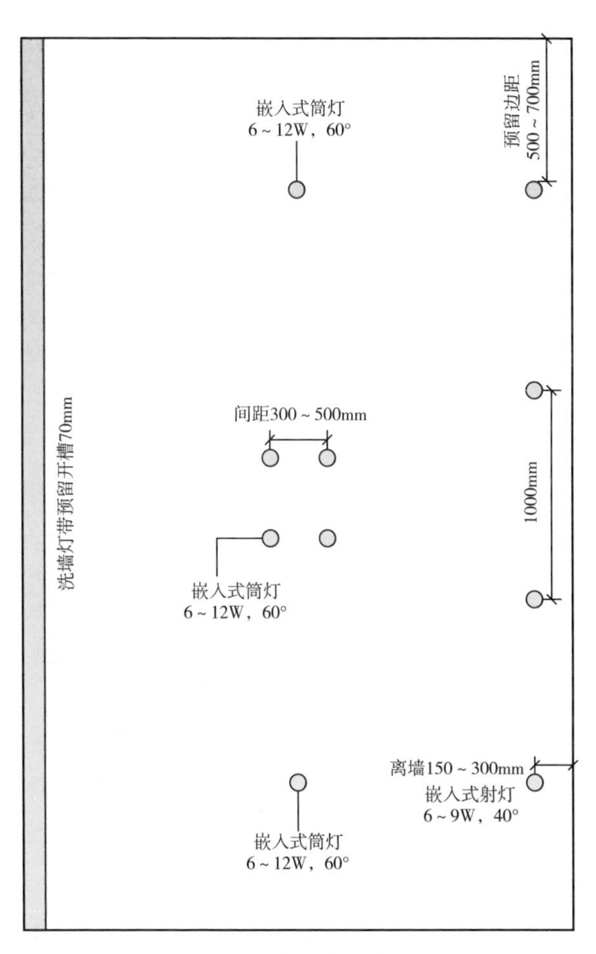

平顶吊顶布灯尺寸

双眼皮吊顶可以在沙发墙和电视墙的位置布置 6~9W、光束角 40°的深防眩射灯，射灯中心离墙的距离一般为 150~300mm；离侧边墙的距离为 500~700mm；而两个射灯之间的间距为 1000mm 左右。靠近通道的顶面，最好选择 6~9W、光束角 60°的筒灯代替射灯。

客厅中间的主要照明可以选择 6~9W 的斗胆灯，斗胆灯的光束角可以选择 38°或 60°的。如果担心照度问题，可以根据客厅面积确定斗胆灯类型，比如客厅面积为 6~8m^2，双头斗胆灯即可照亮空间；面积为 8~12m^2，选择三头斗胆灯；面积为 12~16m^2，选择四头斗胆灯。

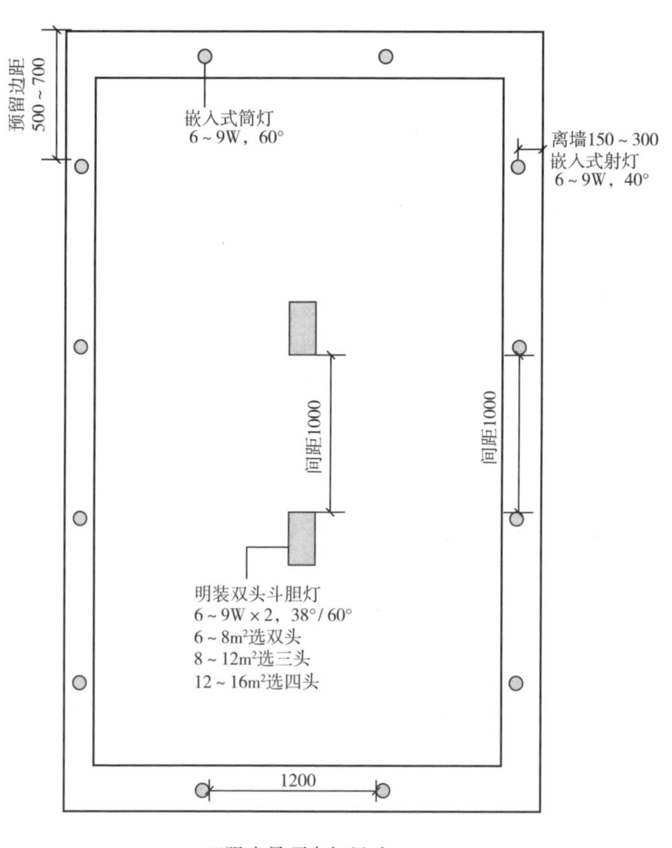

双眼皮吊顶布灯尺寸

悬浮吊顶可以看作是传统平顶的进化版吊顶和墙面接触的地方做灯光处理，当被灯光打亮时，整个吊顶仿佛悬浮在空中，因此被称为悬浮吊顶。悬浮吊顶最常使用线性灯，隐藏在吊顶里，出光槽的宽度一般为100~150mm。

客厅中间，把茶几作为中心基准，宜以300~500mm的间隔设置筒灯，或者以250~350mm的间隔设置防眩射灯。两侧墙面可以用6~9W的防眩射灯照亮，射灯一般设置在离墙150~300mm的地方，射灯之间的间隔在1000mm左右，这样照射出的光斑不会重叠。另外，射灯离侧边墙的距离要保持在500~700mm。

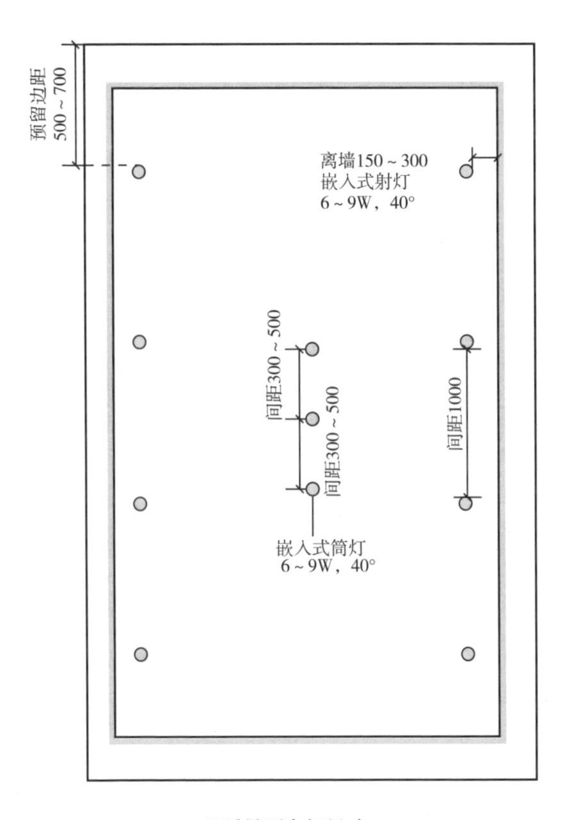

悬浮吊顶布灯尺寸

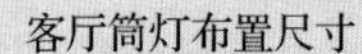

客厅筒灯布置尺寸

筒灯与筒灯之间的间距为 1000~1200mm，如在双眼皮吊顶、悬浮吊顶等吊顶中，筒灯与墙角要预留出 500~700mm 的间距，照亮墙面的筒灯距离墙面至少需要 300mm。

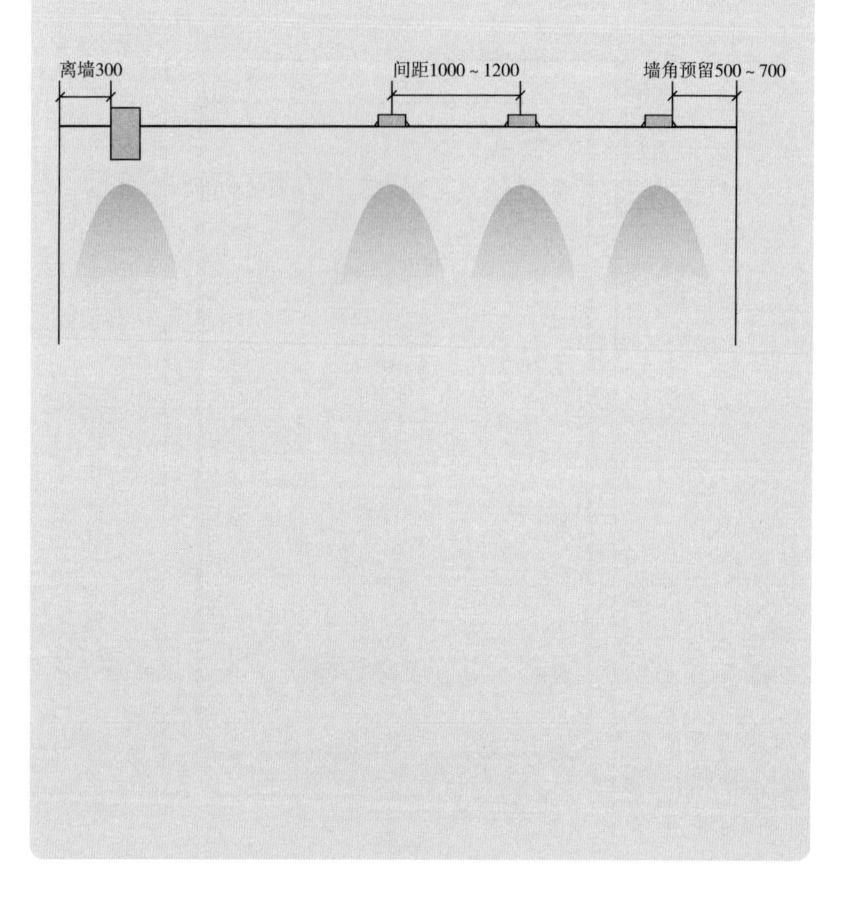

边吊是以原顶棚为基础，往下做造型。边吊的高度一般为 180~300mm，如果边吊内不装中央空调，高度可以做到 180~200mm，如果需要安装中央空调，那么边吊的高度基本在 300mm 左右。边吊的宽度也分为两种情况，装暗藏灯带的话，一般会做 400mm 宽的边吊；不装暗藏灯带的话，边吊宽度可以做成 300mm。

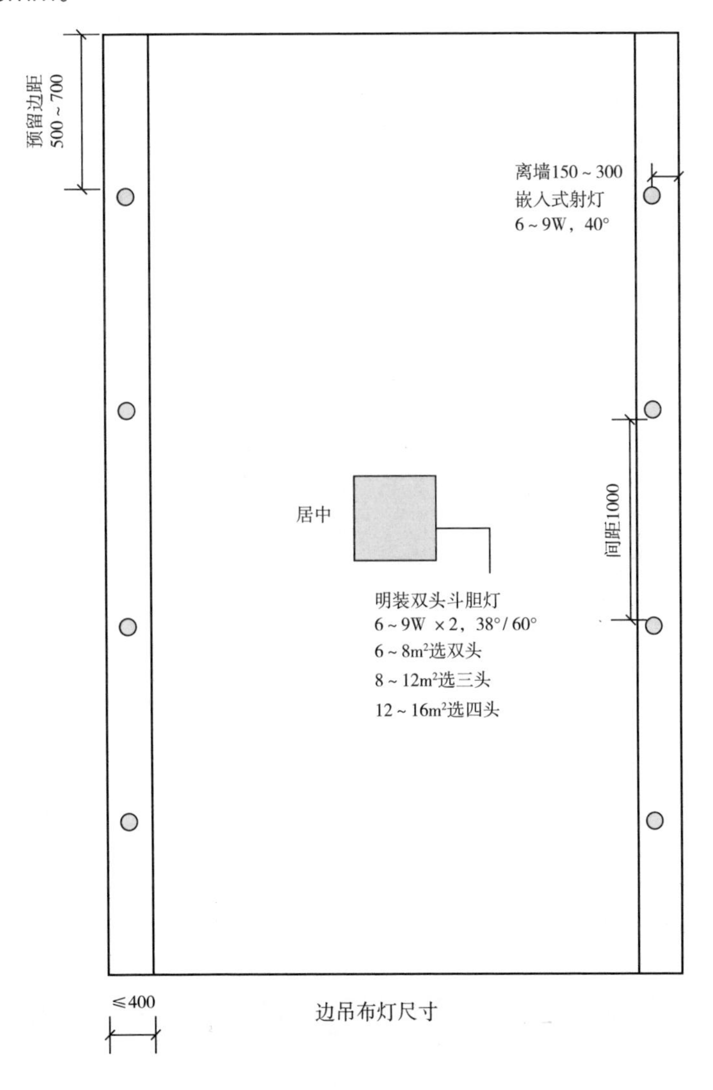

边吊布灯尺寸

客厅常见的回字形吊顶常规边吊的距离是 400mm，如果均分开孔，那么灯具的离墙距离基本在 200mm 以内。这个距离下，应尽量选择光束角 50°~70° 的筒灯或者光束角 30°~40° 的射灯，这不仅能解决光型的问题，也能避免中心光束过强带来的不舒适感。

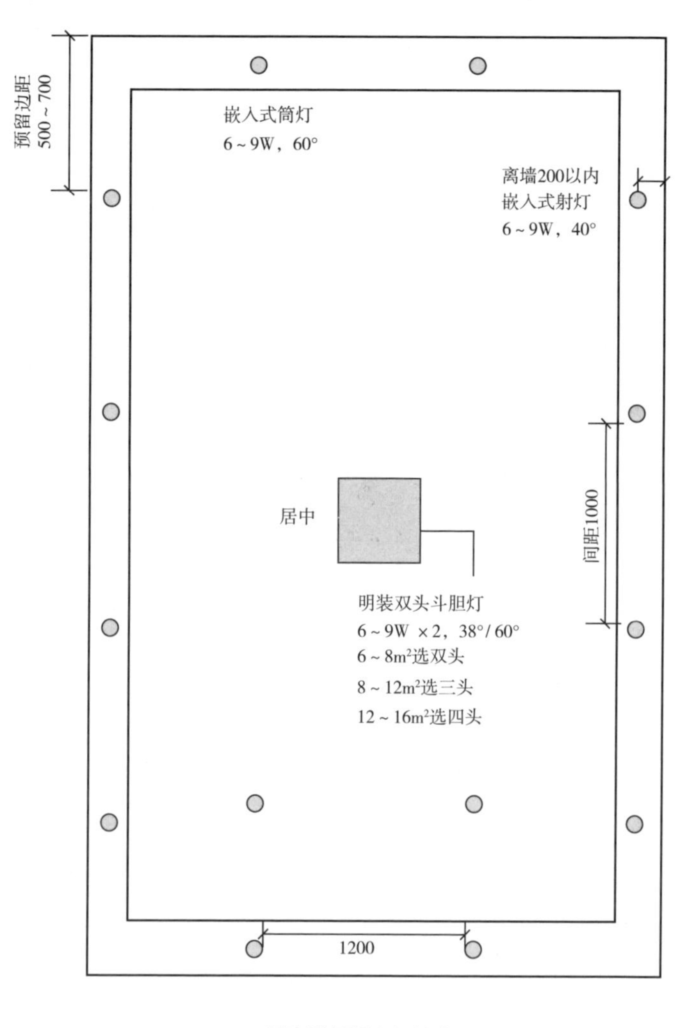

回字形吊顶布灯尺寸

客厅不同主灯安装尺寸

吸顶灯

吸顶灯没有层高限制，但其直径大小以房间对角线长度的 1/10~1/8 为准来选择会比较合适。

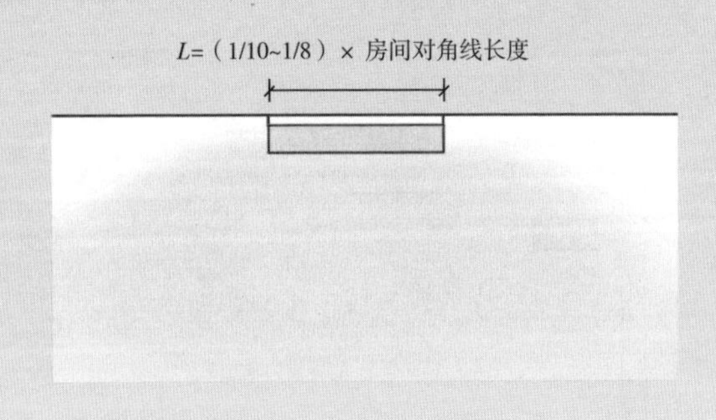

吊灯

下垂高度要注意不能碰到头，有些款式的灯线长度可以调整，但有些不可以调整，其安装高度至少要有 2130mm 。

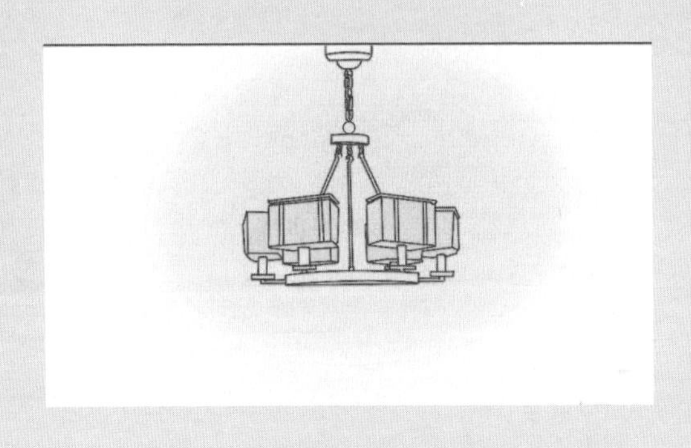

如果喜欢简洁的顶面，可以在顶面上适当地布置明装射灯。不仅能为死板的空间增添活力，还能让空间在视觉上有一定的拉升效果。明装射灯最好离墙 300mm 布置，灯与灯之间的间距为 1000mm；如果使用轨道射灯，离墙距离至少为 500mm。客厅中心可以安装斗胆灯作为主要照明。

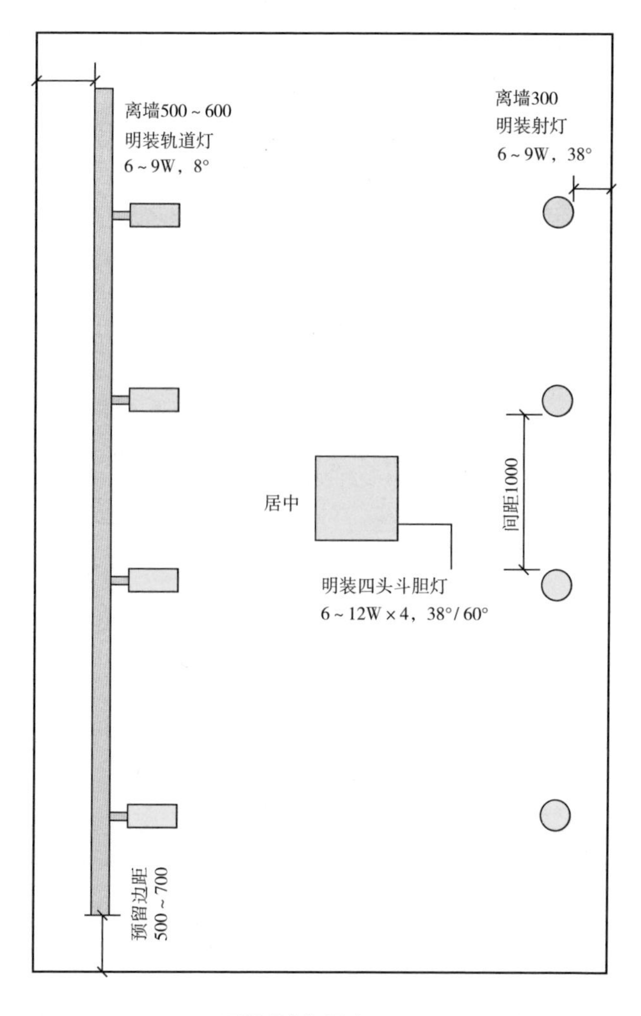

不吊顶布灯尺寸

不同光束角射灯照射效果

目前比较常见的光束角角度有四种：15°用于展示品的重点照明，比如玄关、通道装饰展示；24°用于局部照明，比如照亮挂画；36°作为洗墙照明，营造发光的墙面；60°作为基础照明，可用于无主灯设计。

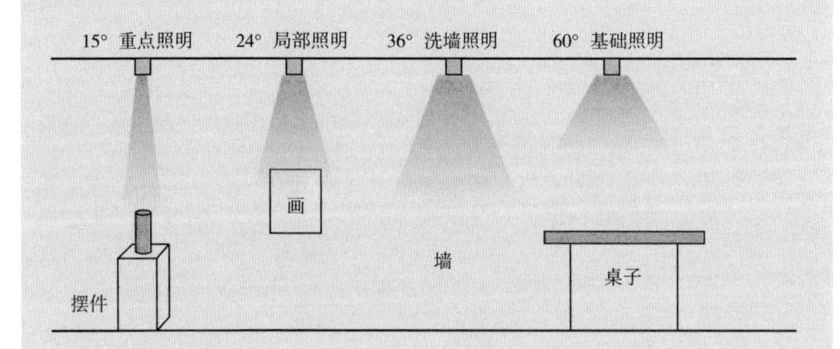

灯与灯之间的间距计算公式

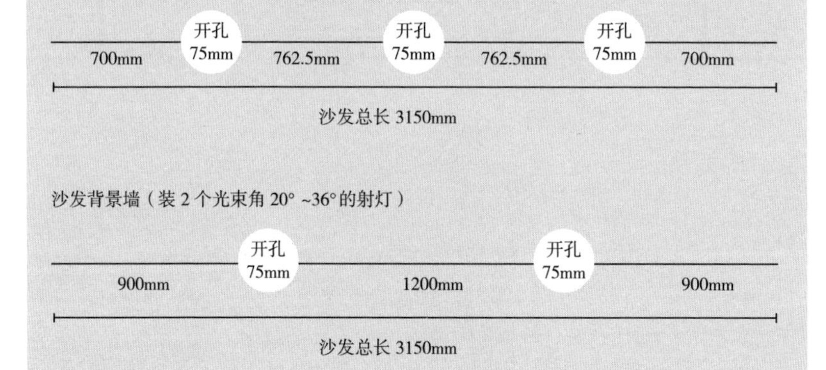

4. 客厅开关、插座安装高度

客厅空间一般分为电视区和沙发区。电视区一般需要预留 6~8 个插座，沙发区需要预留 7~8 个插座。需要注意的是，挂墙电视和台式电视的安装方式不同，插座的布置也不同。

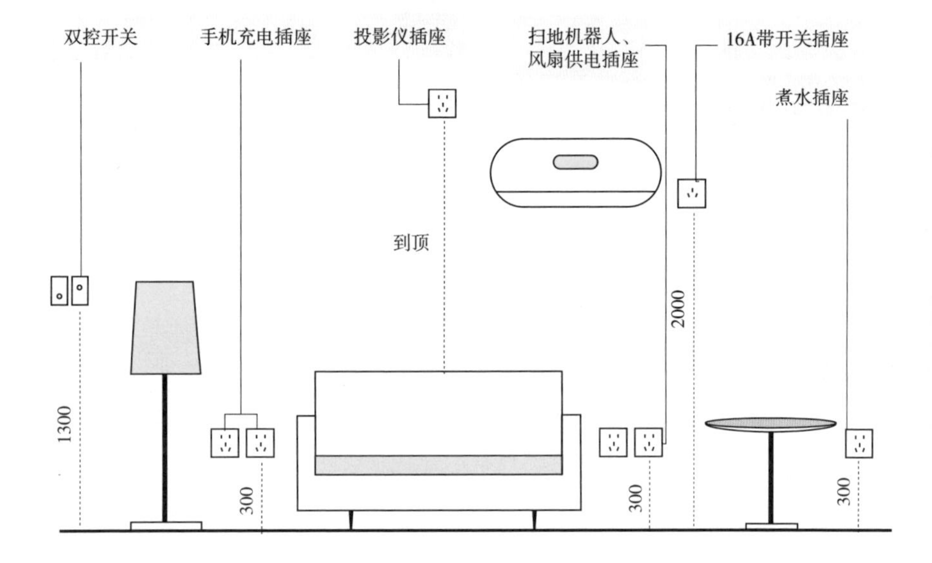

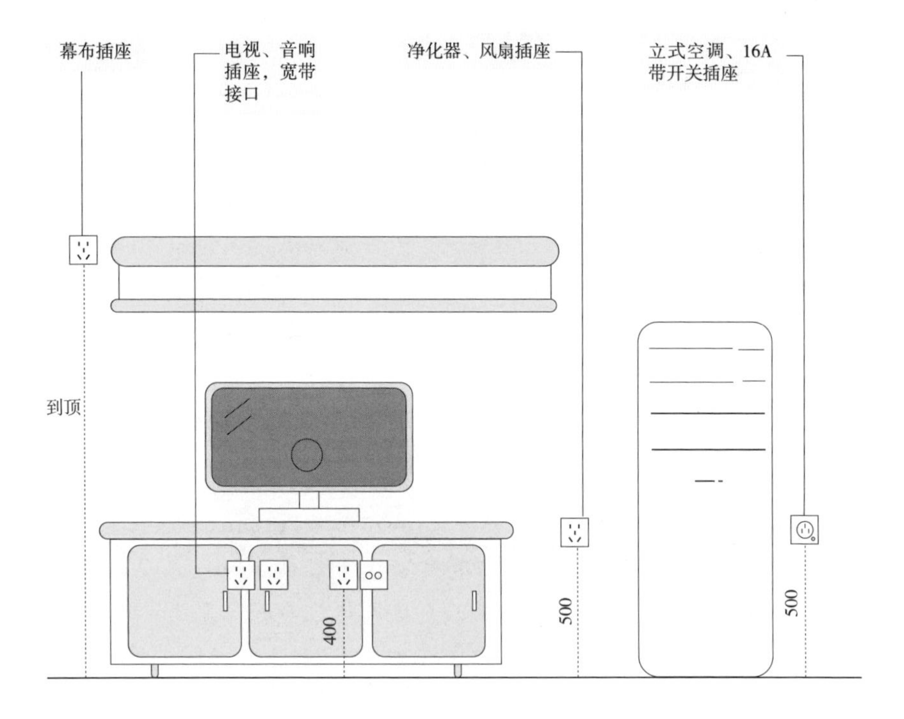

幕布插座
电视、音响
插座，宽带
接口
净化器、风扇插座
立式空调、16A
带开关插座
到顶
400
500
500

插座的类别

住宅空间最常用的就是五孔插座，但其实插座的种类很多，一般除了卫生间最好选择带防溅盒的款式和厨房最好使用带开关的插座外，其他空间的插座可按需选择。

五孔插座

最常见的五孔插座，无法同时使用两种电器。

带开关的五孔插座

在五孔插座的基础上增加开关，可减少电器插拔的次数。

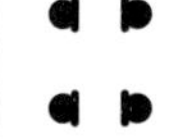

四孔插座

多用在电视柜、床头柜等两孔插座使用较多的地方。

斜五孔插座

五孔插座的改良版，可同时使用两种电器，注意不要过载。

USB 插座

新兴插座，缺点是电流不稳，价格较贵；优点是使用方便。

地插

多用在餐桌、书桌下，通常附近没有墙壁。

16A 三孔插座

适用于空调、烤箱等大功率电器。

110V 五孔插座

从国外代购的厨房小家电无法直接使用，可以在厨房布置110V 插座。

三、餐厅常见布局与相关布置尺寸

餐厅的布局重点在于要把握好餐桌大小和餐椅四周的空间，考虑通行、就座、端菜等活动，有针对性地调整家具的布置尺寸。除此之外，合理的挂画布置和灯具布置能为餐厅增添氛围感，而合理的开关、插座安装高度，能让日常活动更加便利。

根据《住宅设计规范》（GB 50096—2011）中5.2和5.7规定：

① 无直接采光的餐厅、过厅等，其使用面积不宜大于 $10m^2$。

② 通往厨房、卫生间、贮藏室的过道净宽不应小于0.90m。

1. 餐厅常见布局

① 独立式餐厅的最小面积为 $7m^2$

独立式餐厅一般而言比较适合面积较大一点的户型，因为需要给餐厅单独划出一块区域。独立式餐厅的面积极限值为 $7m^2$，此布局只要注意餐椅到墙的距离即可，要保证人能通行。此布局中，四人用餐桌的最小宽度为1400mm。

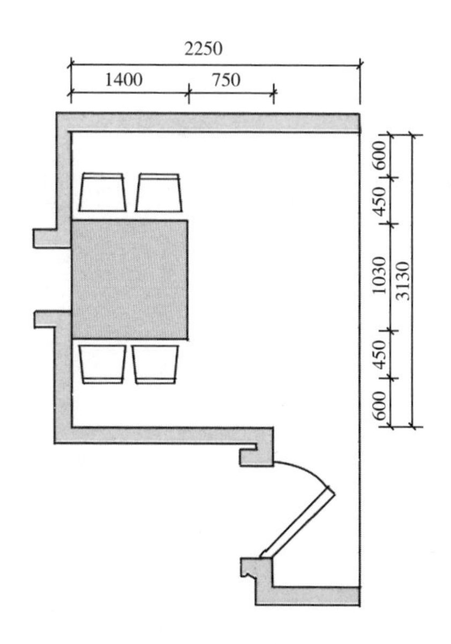

方形餐桌与圆形餐桌常用尺寸

餐桌的净空高大于等于 580mm 即可，一般高度为 700~750mm。

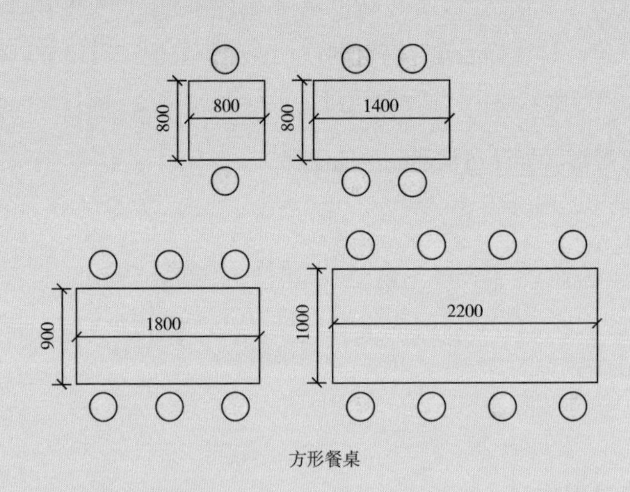

方形餐桌

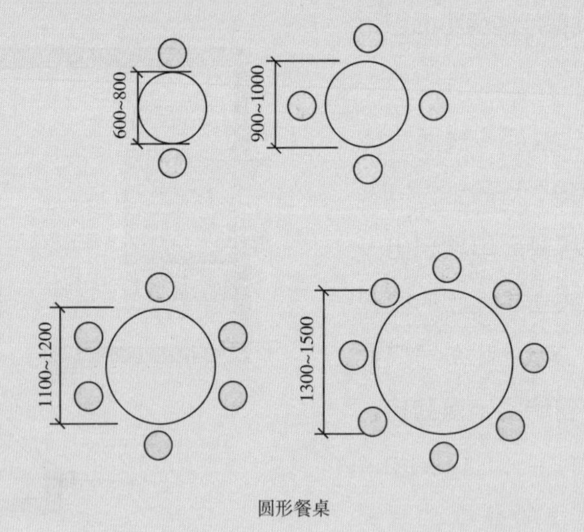

圆形餐桌

② 一体式餐厅预留 900mm 的最小通道间距

餐厅有时候会与客厅或是厨房相连，这样就会形成一体式的布局。一体式布局最需要注意的是餐椅周围的通道间距（如果餐椅后面处在其他动线上，则至少预留 900mm 的间距，以便餐桌椅周围能正常过人）。

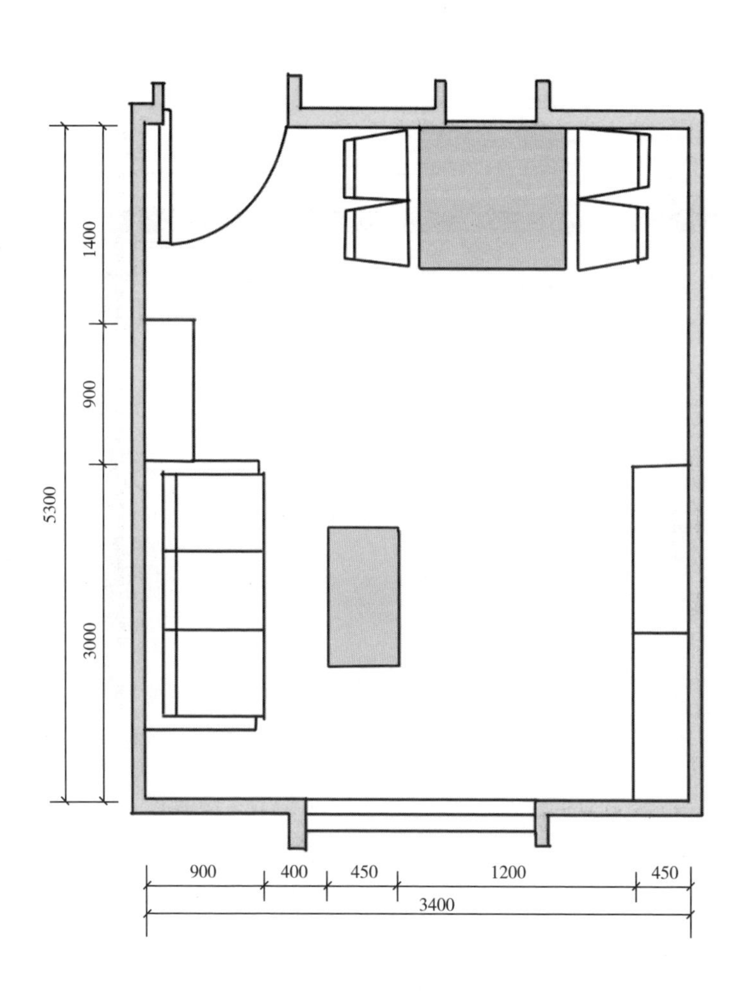

在空间有限的情况下，厨房常以开放的形式与餐厅共用一个空间。通常餐桌会放在厨房中央，那么四周就需要预留出足够的行动路线，以确保厨房活动能够正常进行。一般的行动距离为 550mm，端着菜的行动距离为 750mm，侧身站在厨房台面前的距离为 450mm。所以，如果椅子后方是和厨房行走路线重合的空间，那么距离要确保在 900mm 以上。

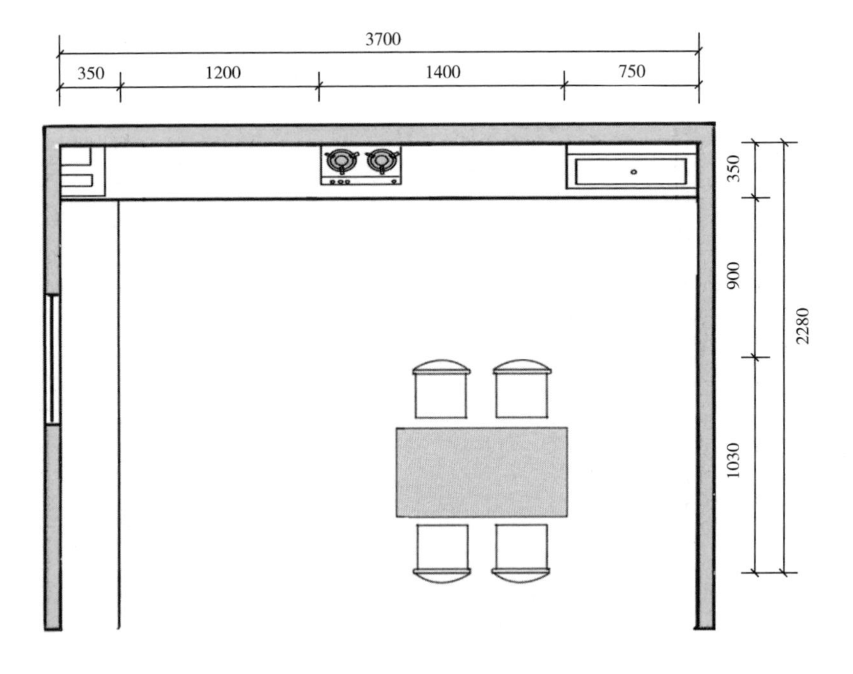

2. 餐厅家具布置尺寸

① 餐桌到墙面的间距

餐桌到墙面的紧凑距离为600mm，这个距离仅方便就餐者落座、起身，实际上这个尺寸运用到生活中会比较压抑，而较为舒适的距离为900mm，这个间距可使餐椅能轻松地向后拉出。

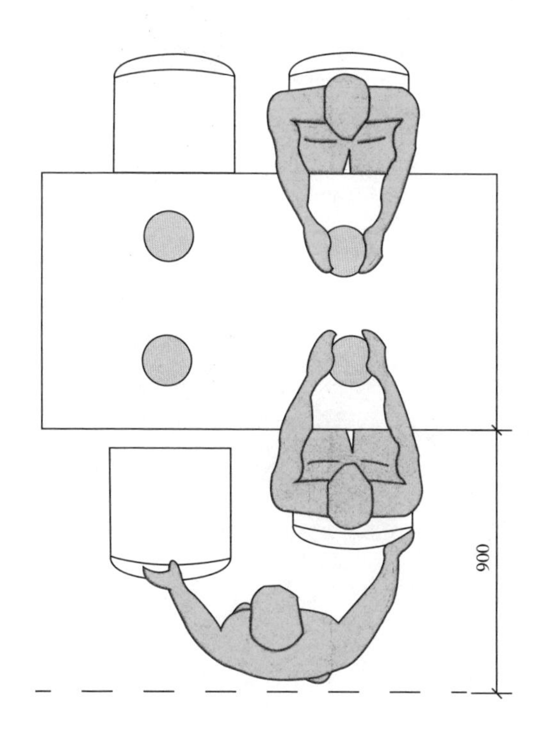

如果面积实在有限，可以考虑预留 750mm 的间距。这个距离不会像间距为 600mm 时那么局促，但也无法将椅子拉出，人只能通过转动椅子落座。

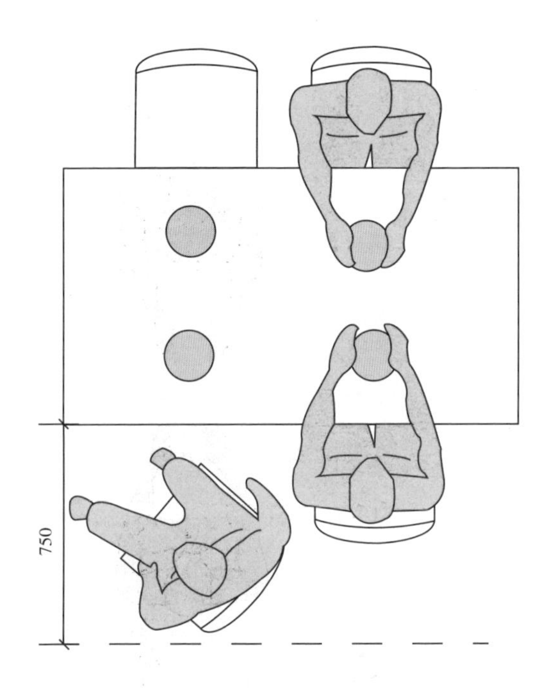

如果想椅子后方能过人，那么餐桌到墙面或障碍物的距离至少为1200mm。这个距离既能轻松拉开椅子入座，同时椅子后方还能过人。

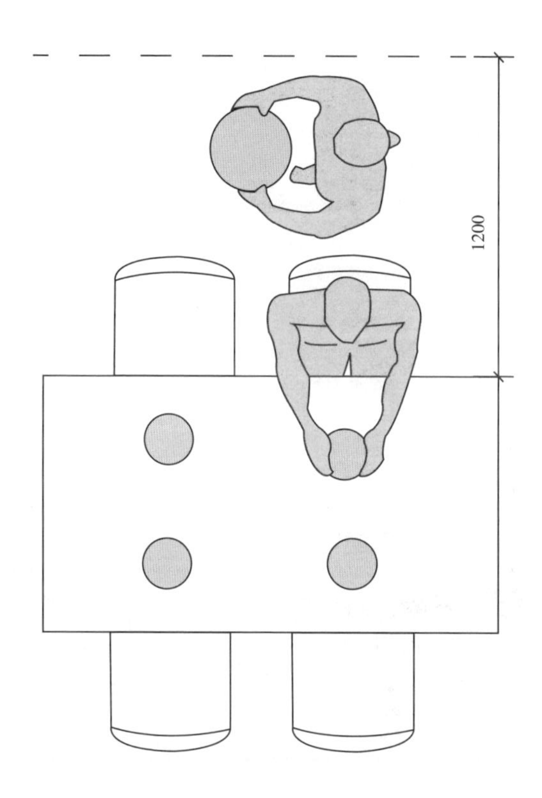

餐桌椅高度确定

餐桌椅的高度可以根据使用者的身高决定，常用计算公式如下（统一单位为 mm）：

一般座面高 = 身高 ×0.23+20；

桌面高 = 身高 ×0.356+50+30。

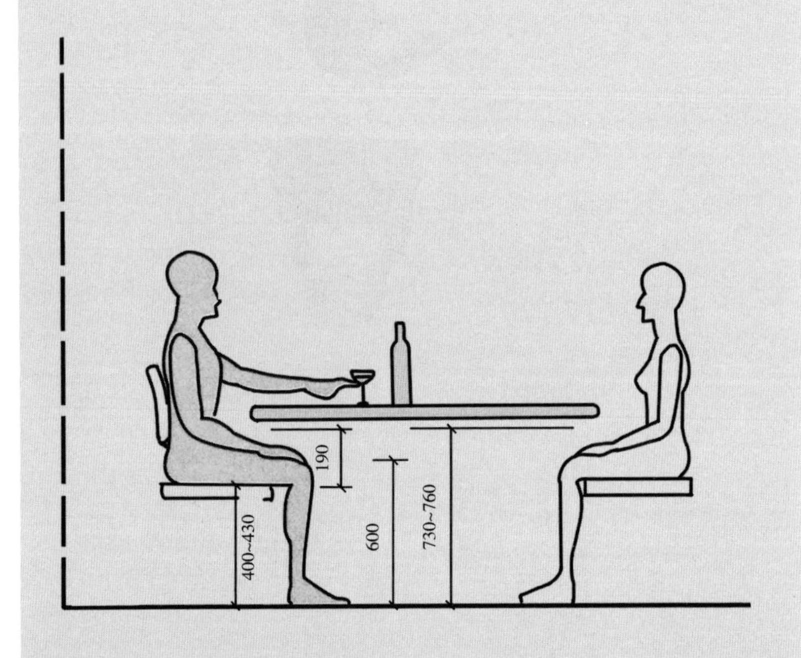

2 餐边柜与餐桌的间距

如果餐边柜平行置于餐桌的一侧，那么需要留出 1200mm 的行走距离，这个距离可以让就座、通行和拿取物品这三种活动都能舒适地进行。

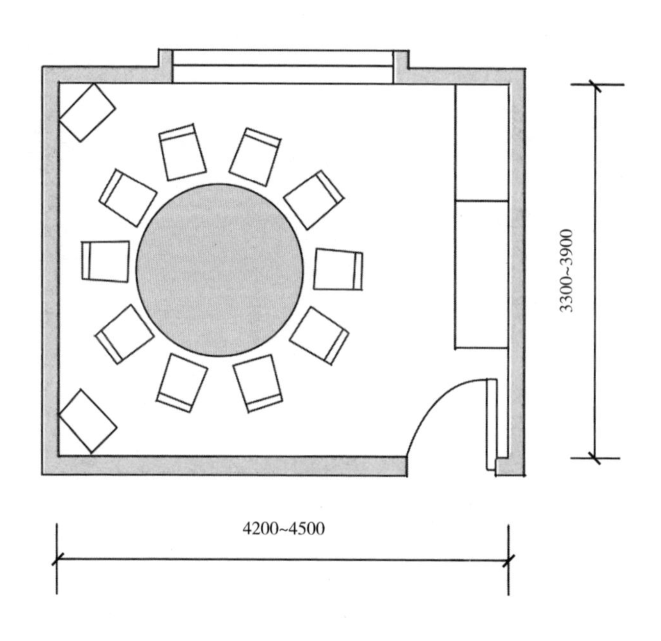

餐边柜的深度

餐边柜的进深一般为 350~500mm，常规深度为 400mm，但如果安装了嵌入式电器，进深需要达到 600mm。

③ 定制餐边柜尺寸

餐厅是享用美食的地方，但也承担着一部分收纳作用。餐厅收纳的物品大致可以分为食品（零食、调味品等）、饮品（茶叶、酒水、饮料等）、用品（迷你家电、餐具、纸巾等）三类。定制柜体时，可以着重考虑这三个部分物品的尺寸。

开放式柜格，可以当作操作台或者摆放家电等

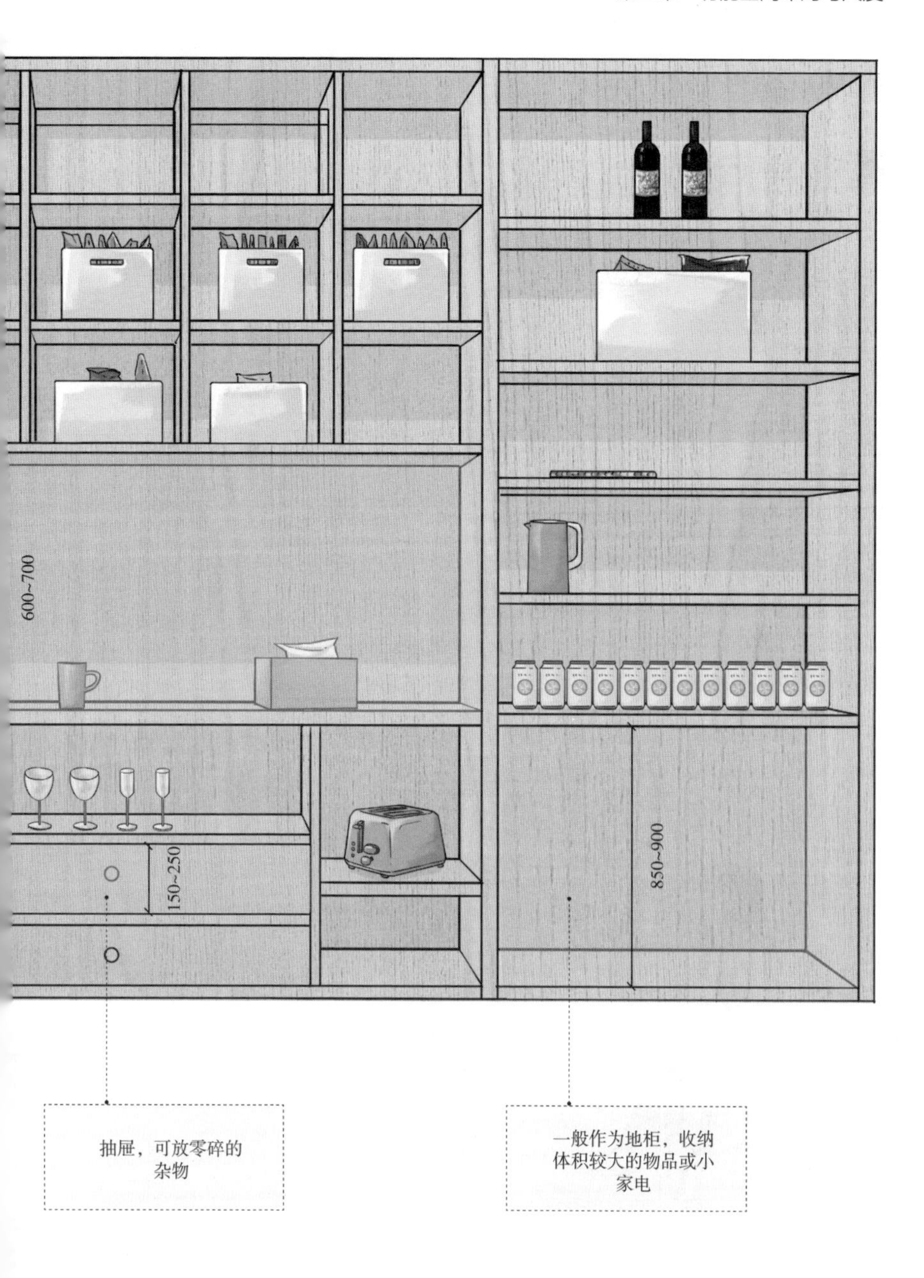
600~700
150~250
850~900
抽屉，可放零碎的杂物
一般作为地柜，收纳体积较大的物品或小家电

3. 餐厅软装布置高度

① 餐厅挂画安装高度

餐厅挂画的顶部到空间顶角线的距离为 600~800mm，并保证挂画整体居于餐桌的中线位置。

② 餐厅灯具安装高度

餐厅中必须要有足够强的下照光线来突出桌面，创造吸引人的焦点，最常使用的灯具便是吊灯，一般吊灯到餐桌的距离为700~750mm比较合理。如果是用筒灯提供基础照明，可以在餐桌上方以较近的距离布置2~4盏灯具。

单个吊灯

· 灯具长度（L）大约是餐桌长度（l）的1/3左右比较合适。

· 灯具吊下的高度一般是在餐桌上方的700~750mm。

$L=l/3$

多个吊灯

· 安装多个吊灯组合时，按照灯具合计的长度计算，合计长度大约是餐桌长度（l）的 1/3 左右。

· 灯具吊下的高度一般是在餐桌上方的 700~750mm。

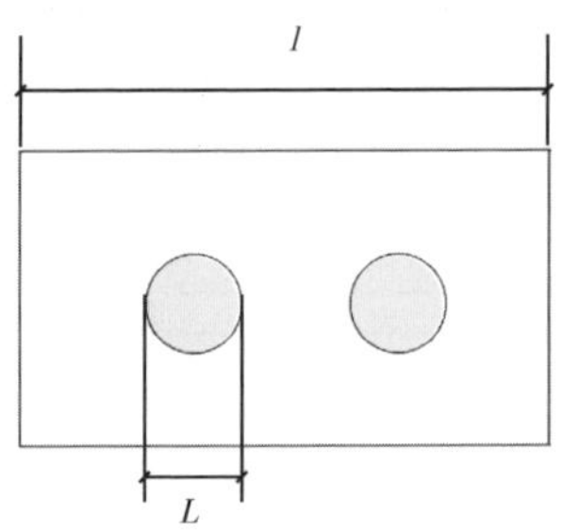

$2L=l/3$（安装 2 盏时）

筒灯

·桌子上方，以较近的间隔装设 2~4 盏灯具，让桌面可以得到 200~500 lx 的照度。

·如果有灯头可旋转的筒灯或落地式投射灯，可以通过调整照射的角度来应对不同的需求。

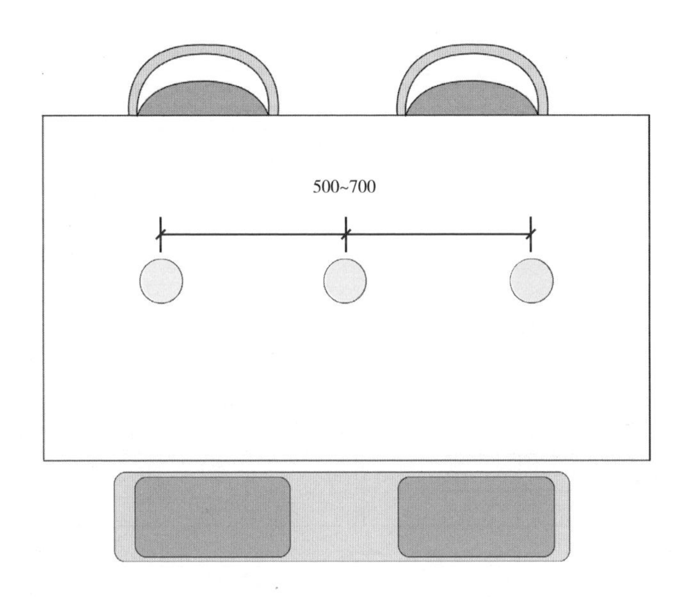

4. 餐厅开关、插座安装高度

考虑到餐厅中会用到较多的小电器，比如电火锅、烤盘、咖啡机、奶瓶消毒器等，可以多预留 4~5 个插座，餐边柜附近的插座应距离台面高度 200mm，如果餐厅中需要摆放冰箱，应提前预留 1 个五孔插座，高度在 500mm 左右。

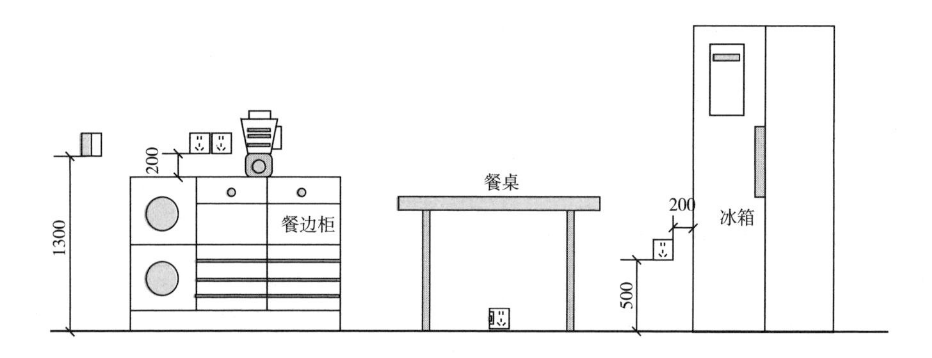

四、厨房常见布局与相关布置尺寸

厨房常见的布局有一字形、二字形、L 形、U 形和岛形，各个布局都有其极限值，所以在相对固定的空间中，根据极限值选择最适合自己的布局才不容易出错。除此之外，灯具的安装尺寸和开关、插座的尺寸也会影响使用的便利性。

设计规范提示

根据《住宅设计规范》（GB 50096—2011）中 5.3 规定：

① 由卧室、起居室（厅）、厨房和卫生间等组成的住宅套型的厨房使用面积，不应小于 $4.0m^2$。

② 单排布置设备的厨房净宽不应小于 1.50m；双排布置设备的厨房其两排设备之间的净距不应小于 0.90m。

1. 厨房常见布局

① 厨房一字形布局最少需要 $4.56m^2$ 的空间

一字形布局就是在厨房一侧布置橱柜等设备，整个做菜过程的动线是呈一条直线的，比较适合开间较窄的厨房。一字形布局的进深至少要有 1500mm，宽度有 3040mm，才能放得下基本设备并预留出通行距离。

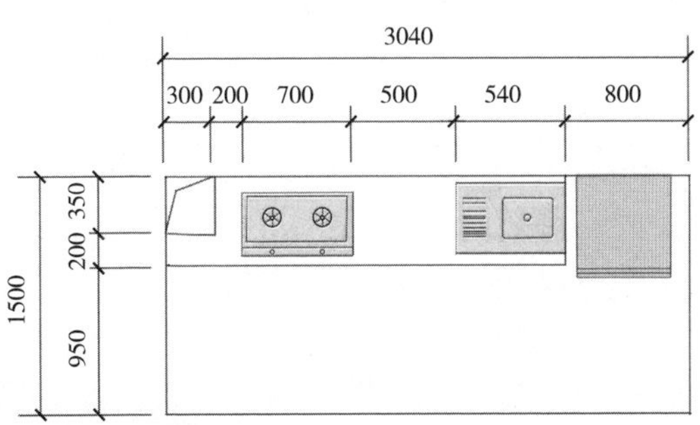

厨房分区原则

厨房常被分为四个区域：洗涤区用来进行清洗活动，活动宽度在540~900mm；切配区用来切菜、配菜，活动宽度在500~800mm；烹饪区主要放灶台，活动宽度在700~900mm；电器区一般用来摆放冰箱或定制洗碗机等，活动宽度在800~1000mm。

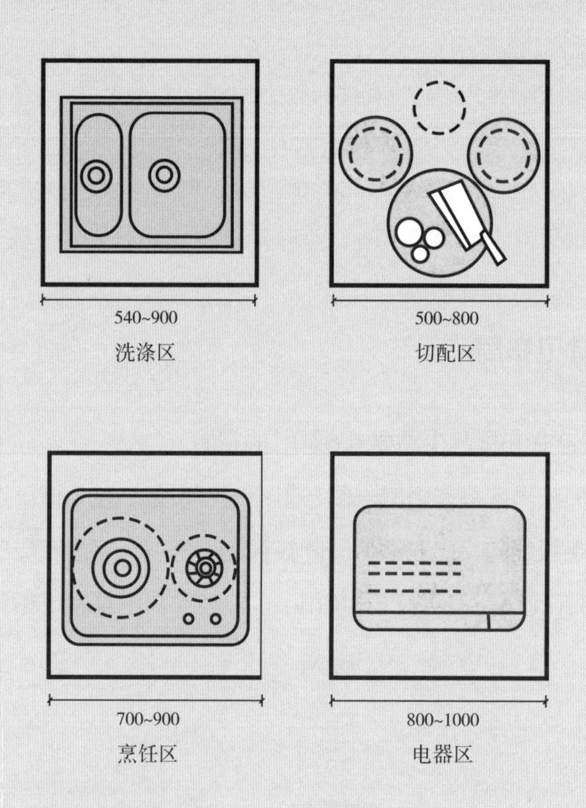

② 厨房二字形布局极限布置尺寸为 2000mm × 2000mm

二字形布局是指沿厨房两侧较长的墙并列布置橱柜，将水槽、灶台、操作台设在一边，将配餐台、储藏柜、冰箱等设备设在另一边。二字形布局的进深和宽度至少为 2000mm，中间通道最少要预留出 900mm 的距离，适宜的通道间距为 1200mm。

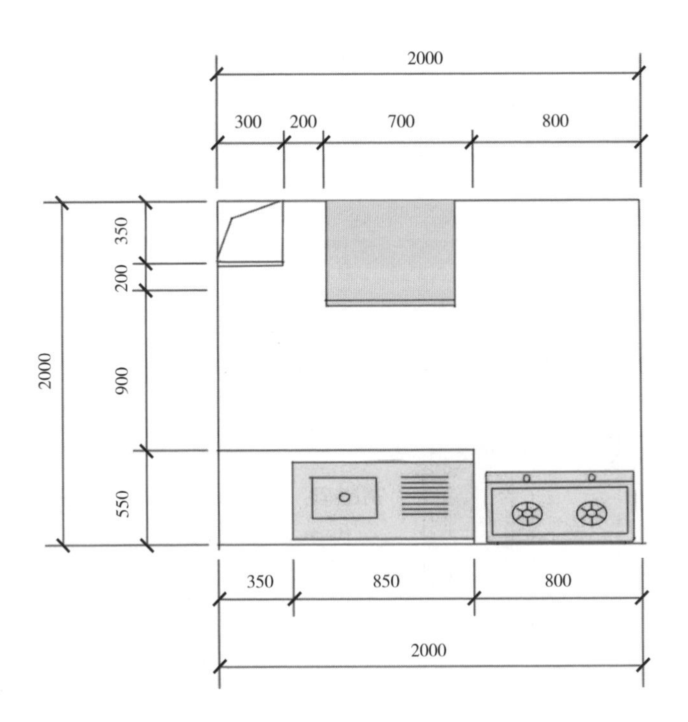

③ 厨房 L 形布局面积最小为 4.05m^2

L 形布局就是将台柜、设备贴在相邻墙上连续布置，一般会将水槽设在靠窗处，而灶台设在贴墙处，上方挂置抽油烟机。L 形布局需要厨房进深在 1500mm 以上，宽度在 2700mm 以上。

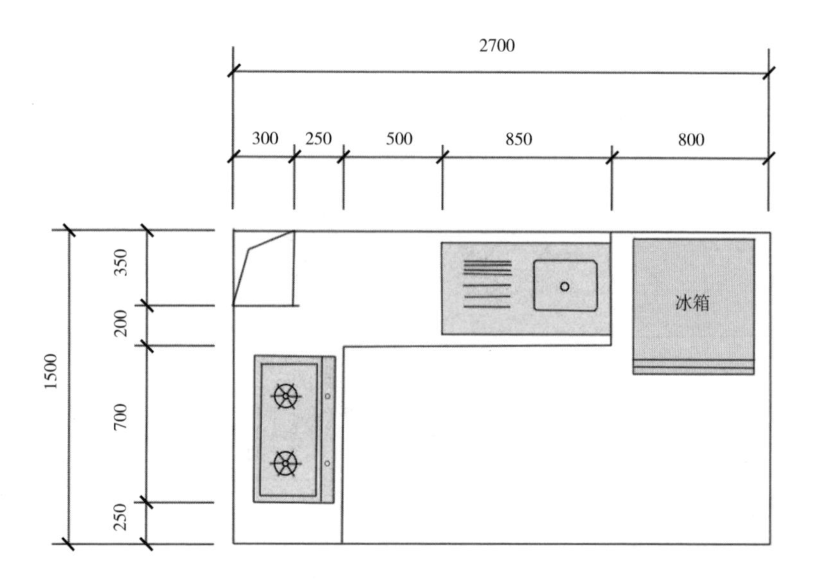

④ 厨房 U 形布局面积最小为 4.00m²

U 形布局就是在厨房的相邻三面墙上均设置橱柜及设备，相互连贯，其操作台面长，储藏空间充足。橱柜围合而产生的空间可供使用者站立，左右转身灵活方便。U 形布局的进深和宽度都应保持在 2000mm 以上。

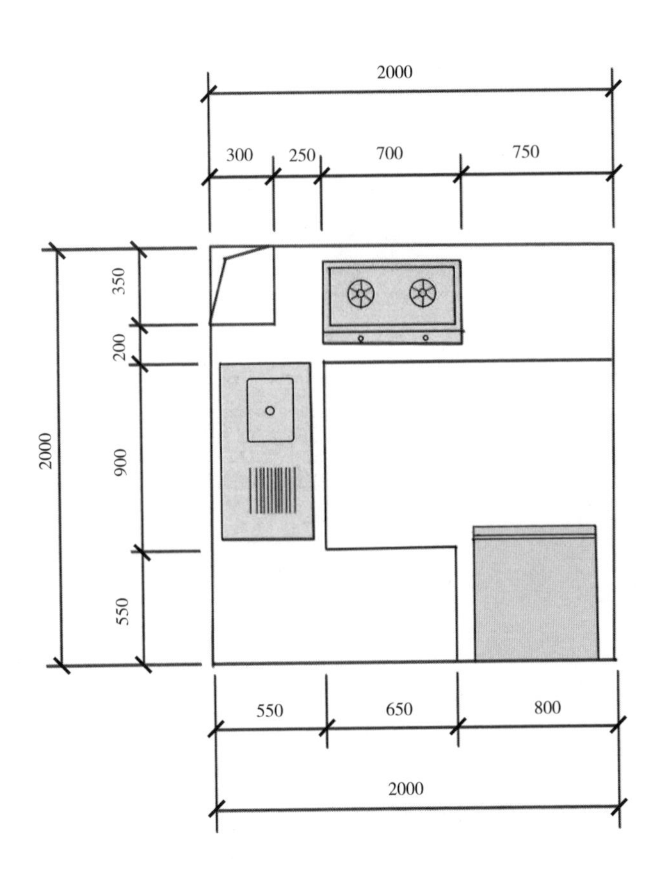

5 厨房面积≥ 7.84m² 时可考虑岛形布局

在较为开阔的 U 形或 L 形厨房的中央，设置一个独立的灶台或餐台，就是岛形布局。在中央独立的橱柜上可单独设置一些设施，如灶台、水槽、烤箱等，也可将岛形橱柜作为餐台使用。岛形布局的进深至少为 3135mm，宽度在 2500mm 以上，厨房的通道不能小于 900mm。

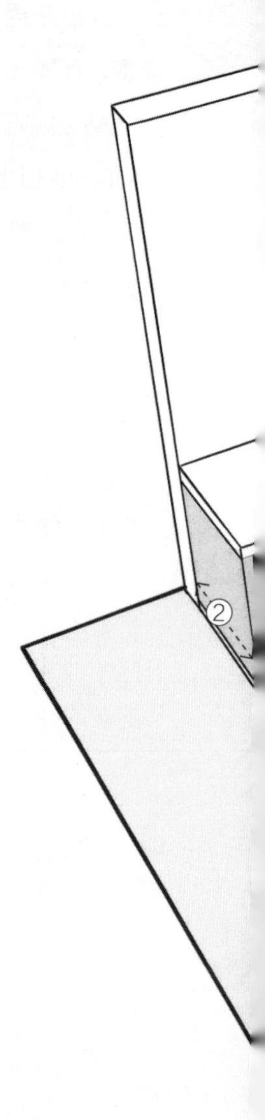

① 中岛到橱柜的距离不要小于 900mm，最好为 1200mm

② 橱柜地柜的宽度为 600mm

③ 橱柜地柜的高度一般为 800~900mm

④ 橱柜吊柜到台面的间距一般为 700~800mm

⑤ 橱柜吊柜的长度一般为 900mm

⑥ 灶台区的宽度宜为 600~650mm

⑦ 水槽区的宽度一般在 540~900mm

⑧ 中岛的宽度一般为 1000mm

⑨ 中岛的高度一般为 850mm

⑩ 吧台椅的高度为 750~800mm

⑪ 吧台椅的宽度为 450~600mm

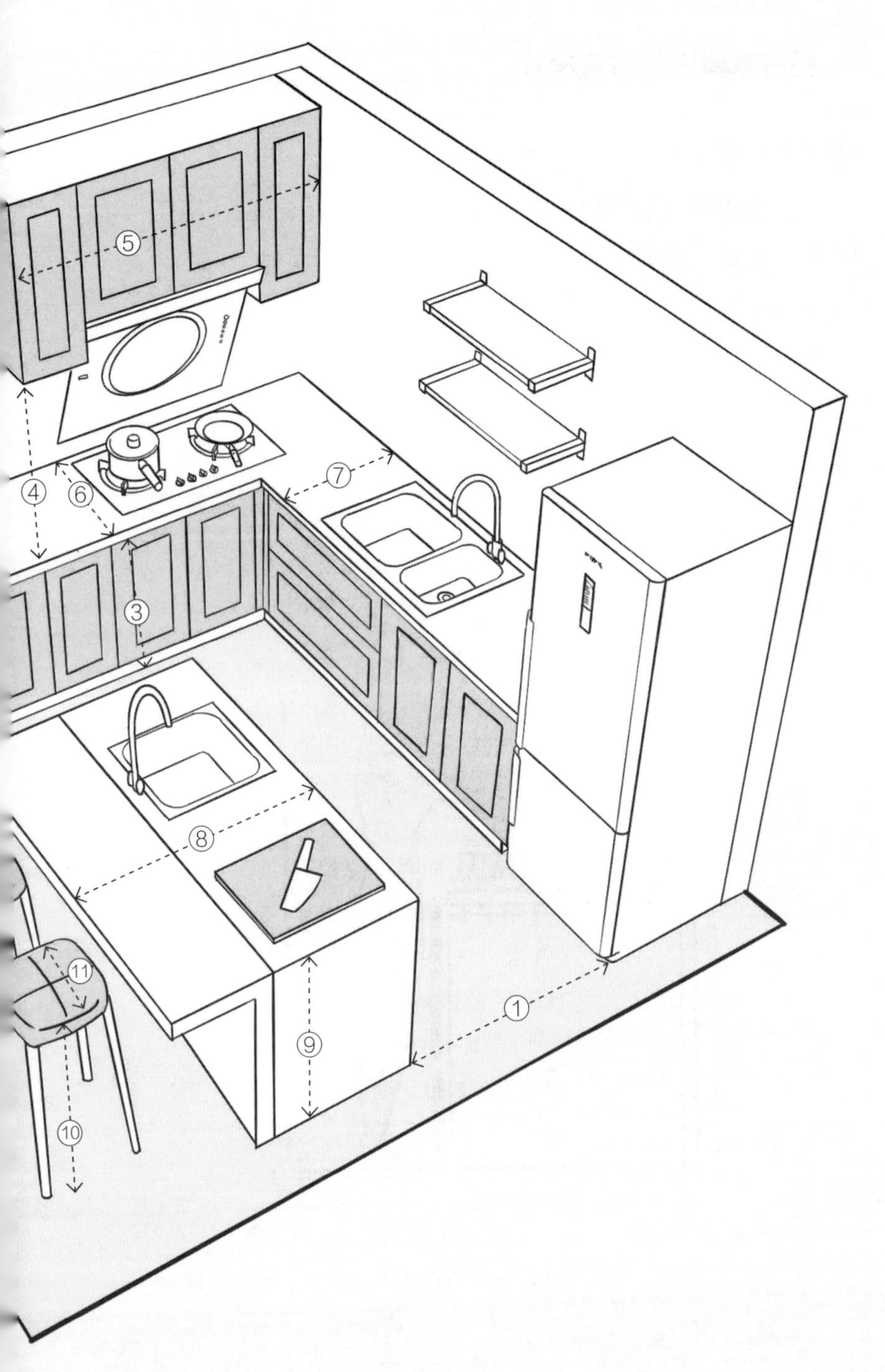
⑤
④
⑥
⑦
③
⑧
⑨
①
⑪
⑩

2. 厨房家具设备布置尺寸

① 炉灶布置尺寸

烹饪区因为要安装抽油烟机，所以吊柜到橱柜台面的距离至少要保持 700mm，具体尺寸根据抽油烟机的具体款式决定。

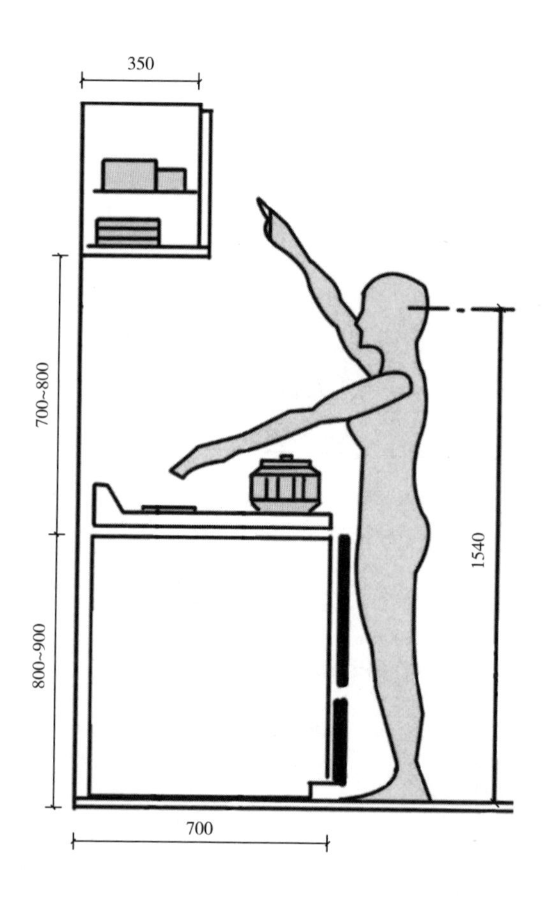

抽油烟机离灶台高度

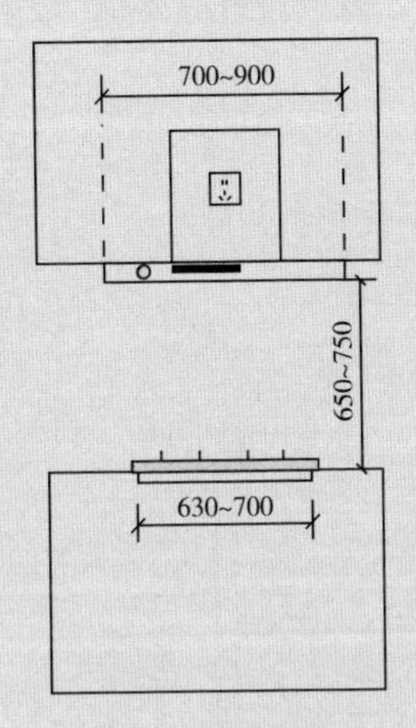

顶吸式抽油烟机的尺寸宜为：长（700~900）mm×高 500mm；底部距离橱柜台面宜为 650~750mm。

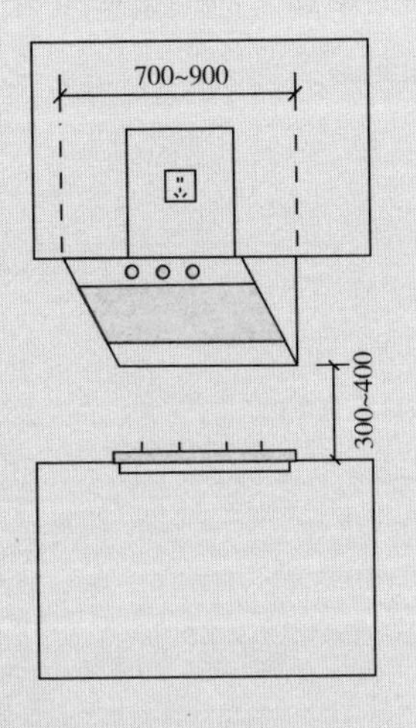

侧吸式抽油烟机的尺寸宜为：长（700~900）mm×高 500mm；底部距离橱柜台面宜为 300~400mm。

集成灶抽油烟机的尺寸宜为：长（850~900）mm×宽 600mm×高（1280~1300 mm）；顶部距离橱柜台面宜为 300~320mm。

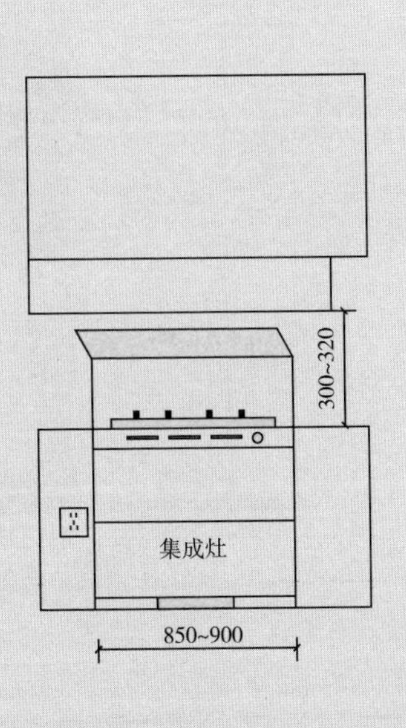

② 冰箱布置尺寸

冰箱前方应预留至少 910mm 的空间，以满足开启冰箱门后下蹲取东西时的基本尺寸要求。

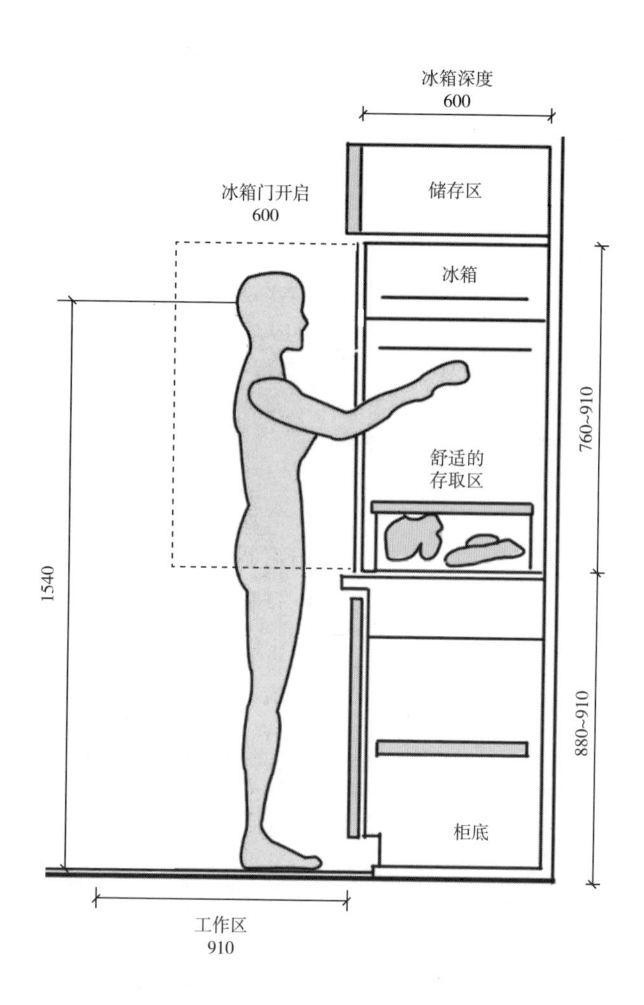

冰箱的预留尺寸

对于不同散热方式的冰箱，预留的尺寸也不同。左右散热的冰箱四周应各预留 100mm；上下散热的冰箱四周应各预留 20mm；后面散热的冰箱，冰箱后面应预留 80~100mm。

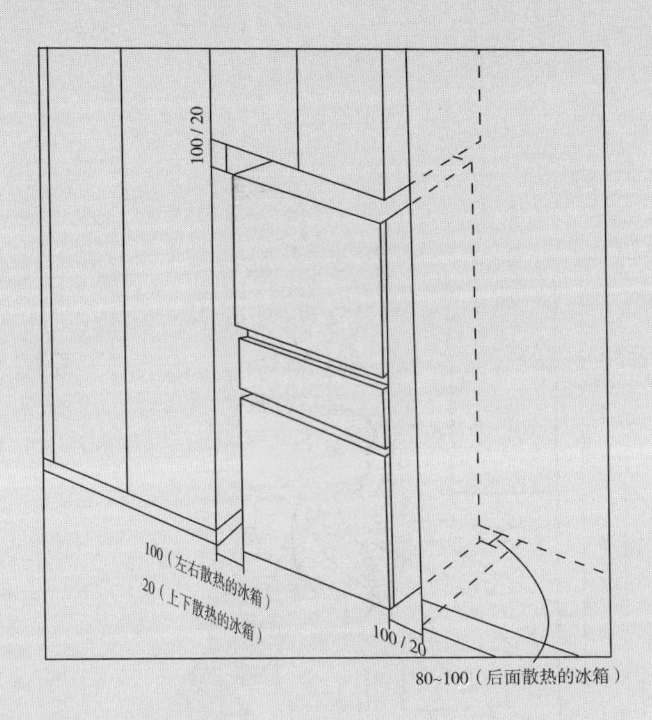

冰箱常见尺寸（宽 × 深 × 高）

三门冰箱	对开门冰箱
（550~750）×（500~600）×（1800~1900）	（900~1000）×（600~750）×（1800~1900）

③ 水池布置尺寸

水池的高度应以使用者站立时手部能够触碰到清洗盆底部为标准设置。如台面设计过低，使用时会令人腰酸背痛。一般而言，女性使用者的水池安装高度平均值为 800~850mm；男性使用者的水池安装高度平均值为 850~910mm。

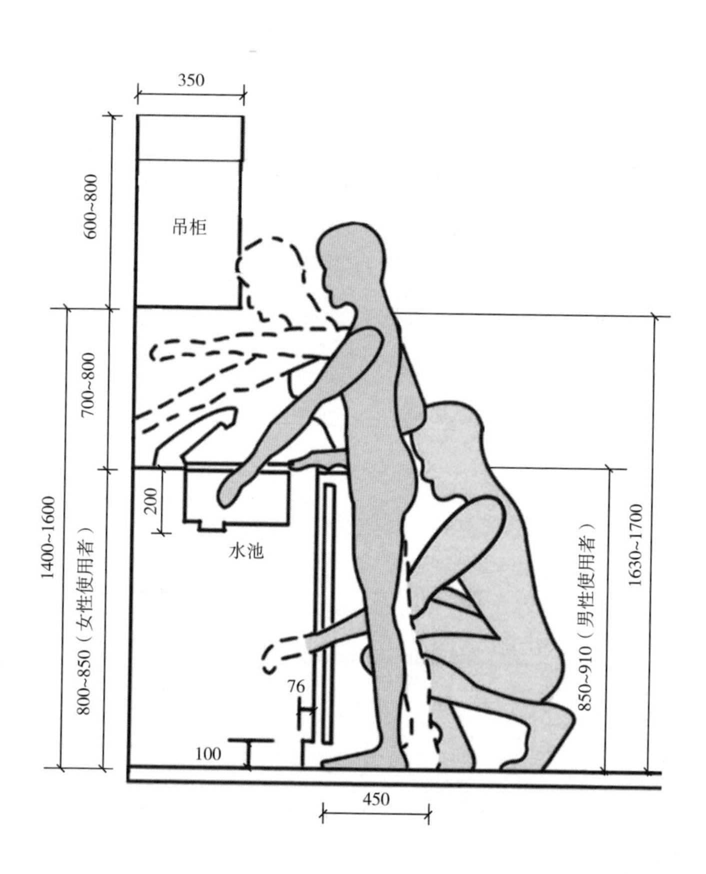

④ 地柜高度

地柜的标准高度为 800~900mm，但不同身高的人对应的地柜高度有所不同。

公式如下：

地柜高度 = 身高 ÷2+5

不同身高的人与最舒适操作高度

身高 /cm	150	155	160	163	165	168	170	175	180
最舒适操作高度 /cm	80	82.5	85	86.7	87.5	89	90	92.5	95

⑤ 吊柜尺寸

吊柜的深度一般在 300~350mm 之间，如果吊柜设计得太深，使用时容易磕碰头。而吊柜自身的高度一般为 600~800mm，悬挂高度为 1400~1600mm，具体可以根据是否安装抽油烟机以及使用者身高决定。

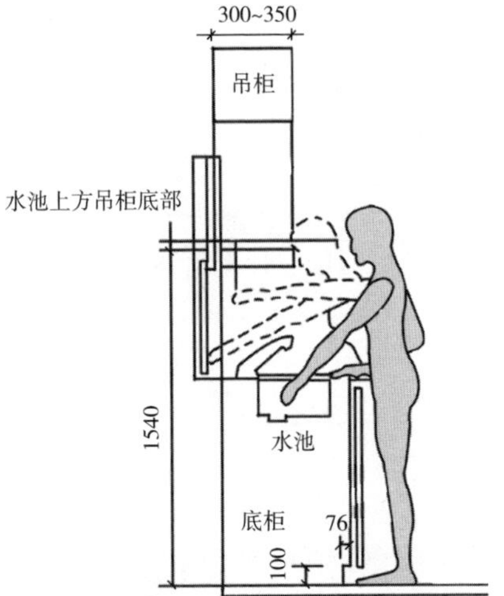

⑥ 定制橱柜尺寸

厨房的物品看起来很多，但实际上可以分为三大类，一类是炊具，一类是食材，还有一类是家电。炊具以锅为主，一般直径为 280~350mm，家用一般不会超过 400mm；食材类高度最高的食用油或者米箱的高度也不超过 400mm；常见的家电，如微波炉、搅拌机等，高度为 280~450mm。

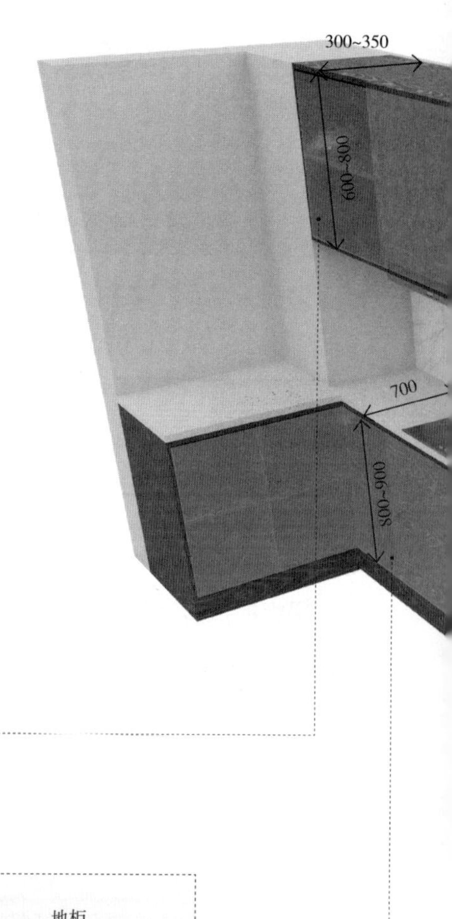

吊柜
（主要放置不常用且较轻的物品，如干货、餐具等）

地柜
（收纳较大、较重的物品，比如锅具、米、洗洁剂等）

高柜
（可集成若干电器）
600~660
2200~2400

嵌入式烤箱、洗碗机预留尺寸

厨房中常会嵌入烤箱、洗碗机，以叠放的方式统一设计在高柜中。如果在高柜中增加烤箱，则只能与 8 套洗碗机进行叠放。

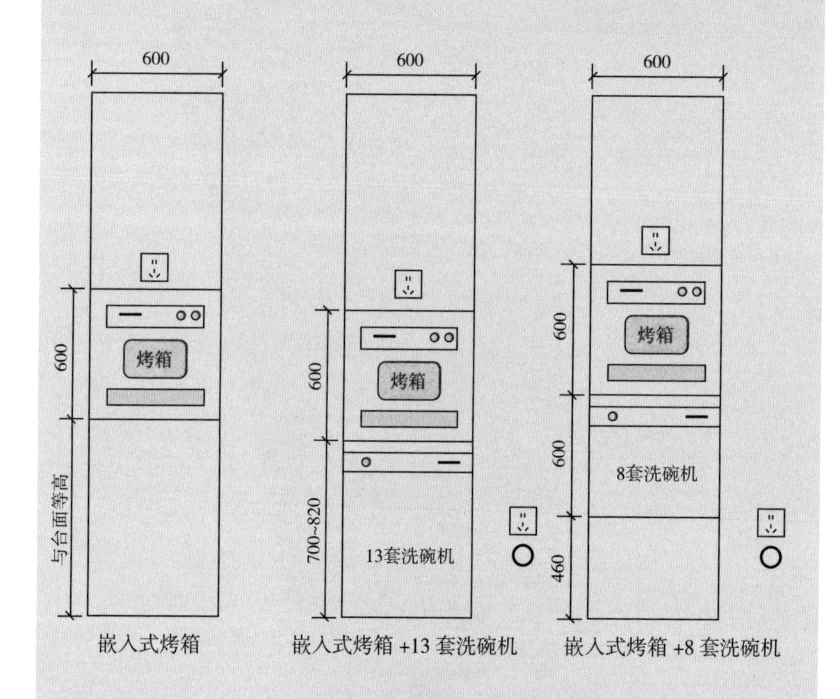

3. 厨房灯具布置尺寸

厨房照明设计中最重要的是让操作台被照亮，因此最好在水池或操作台附近安装局部照明，以保证足够的亮度。

① 柜底射灯保证台面照度

在定制橱柜时可以在橱柜中留好线路，在橱柜底部安装射灯。用这种方式布置，灯具的位置排布灵活，可以按照橱柜的走向和使用习惯来分配。由于射灯都很小，所以放在橱柜等处也不占地方，最主要的是每个角落都能照清楚。

② 灯带为台面提供均匀的光线

在橱柜底部使用灯带，其效果和在橱柜底部使用射灯的效果基本相同。但灯带可以为台面带来均匀的光线，整体结构更加分明，阴影更少，层次感更强。灯带也适合安装在更小的缝隙里面。

4. 厨房开关、插座安装高度

厨房可以说是家居中使用插座最多的地方，因为涉及各种家用电器的使用，所以最好多预留几个插座位置，以免后期不够用。水槽附近可以预留 3~4 个插座，方便后期净水器、小厨宝的安装；炉灶附近可以为抽油烟机预留 1~2 个插座。备餐区可以为电饭煲、空气炸锅等小厨电多预留几个插座。如果涉及定制烤箱、洗碗机、冰箱，那么至少需要预留 3~4 个插座。

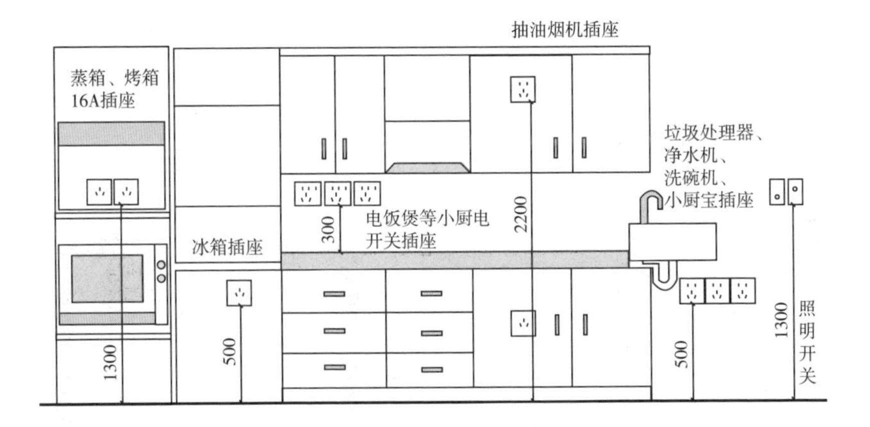

五、卧室常见布局与相关布置尺寸

卧室除了是休息的场所，也是衣物、寝具收纳的地方，所以卧室最主要的家具是床和衣柜，所有布局都要以床为中心来设计。同时，卧室不光需要合理的布局尺寸，也要有舒适的软装布置，应注意灯具安装的高度，避免眩光影响休息。还要提前规划开关、插座位置，以减少不便。

> 设计规范提示
>
> 根据《住宅设计规范》（GB 50096—2011）中 5.2 规定：双人卧室不应小于 $9m^2$；单人卧室不应小于 $5m^2$；兼起居的卧室不应小于 $12m^2$。

1. 卧室常见布局

① 满足睡眠、收纳、书写需求的单人卧室的最小面积为 $5.6m^2$

单人卧室如果想满足休息、收纳和书写需求，面积最小要 $5.6m^2$，选择长度为 900mm 的单人书桌，紧挨着单人床旁边，衣柜与床之间的最小间距是 550mm，适当可以增加到 600mm，但这个间距下，衣柜只能使用推拉门的设计。

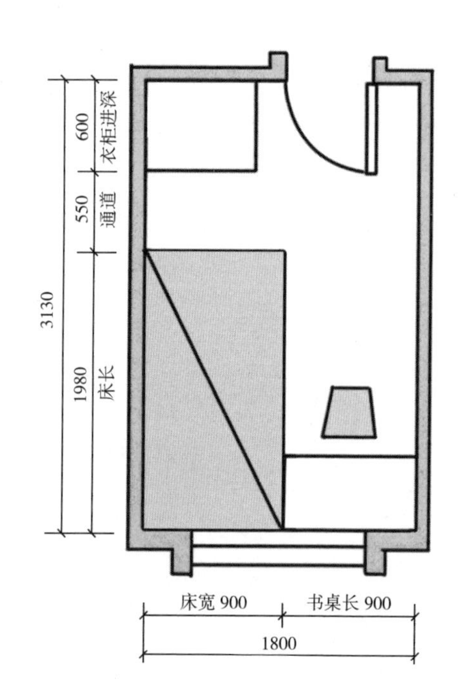

如果是横向的单人卧室，可以将书桌和衣柜并排布置，注意身后的通道应预留出至少 550mm 的距离。衣柜的长度最小可以选择 1000mm，也能满足基本的收纳需求。

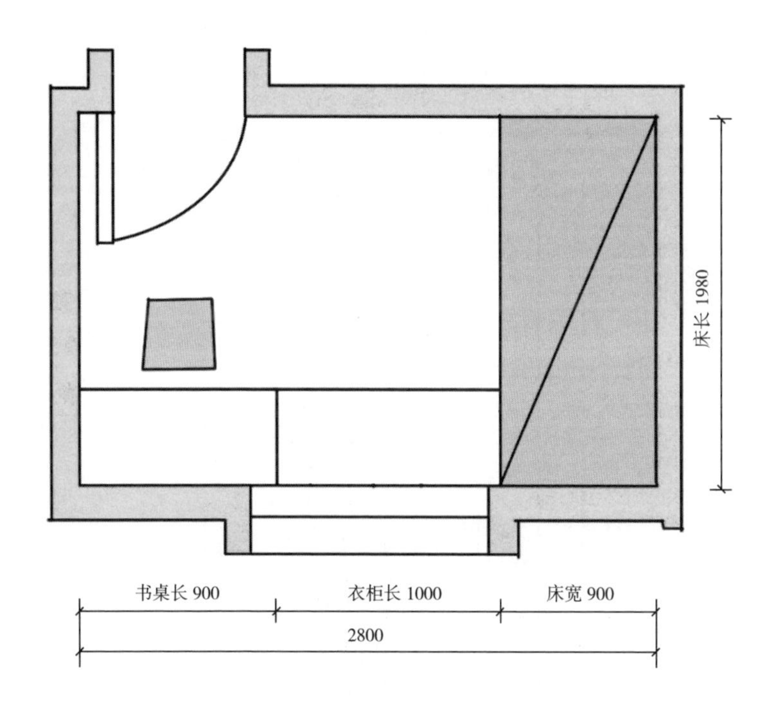

单人床尺寸

单人床的最小尺寸为 1980mm × 900mm，稍微舒适一点的尺寸为 2100mm × 990mm。

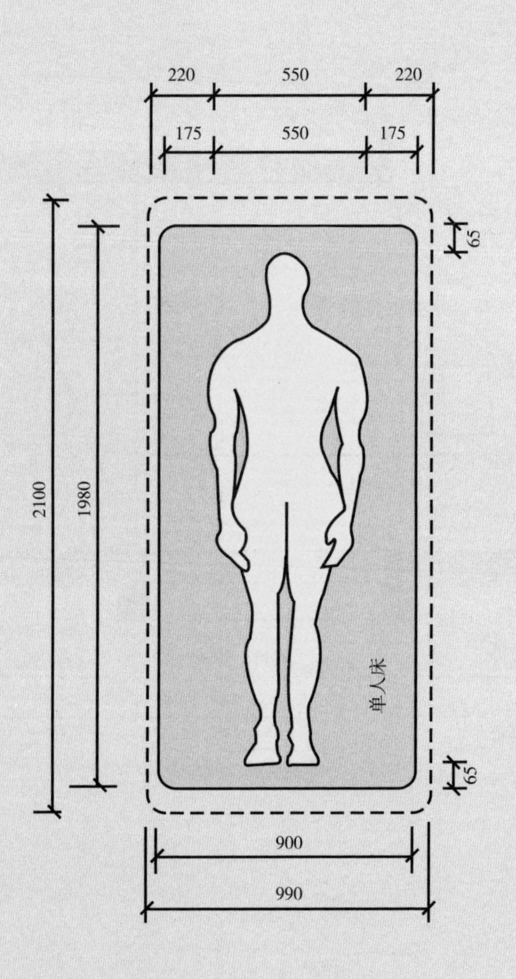

② 双人卧室布局面积的极限值为 10.7m²

根据规定，双人卧室的最小面积必须大于 10m²，考虑到布局尺寸的极限值，双人卧室的面积极限值应为 10.7m²。此时双人床的最小尺寸为 1500mm×2000mm，基本能满足两个人休息；衣柜靠墙摆放在床一侧，与床保留最少 550mm 的间距，以方便通行、拿取物品。

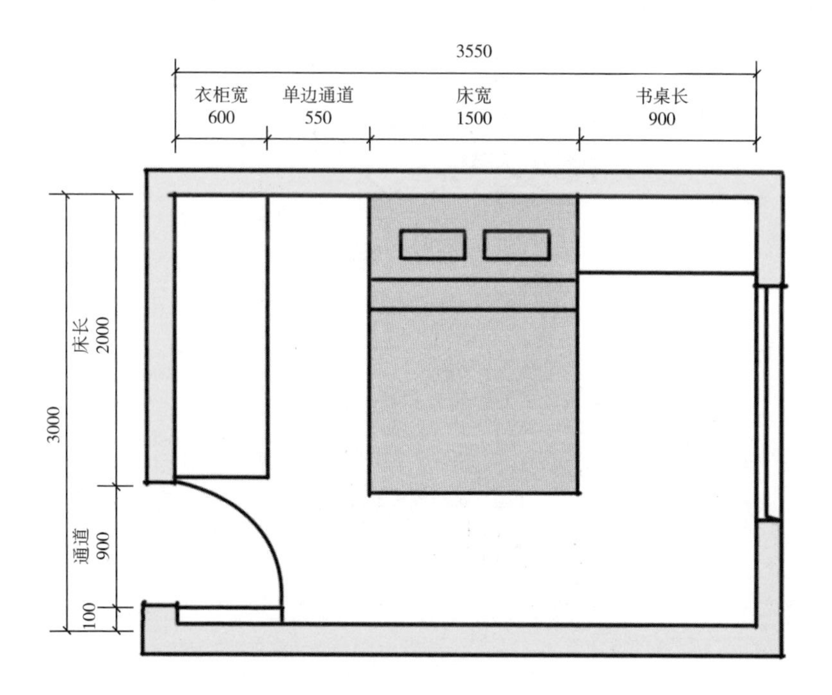

双人床尺寸

双人床理论上的最小尺寸为1350mm×2100mm，但考虑到实际使用情况，常见的最小尺寸为1500mm×2100mm，再舒适一点的尺寸为1800mm×2100mm。

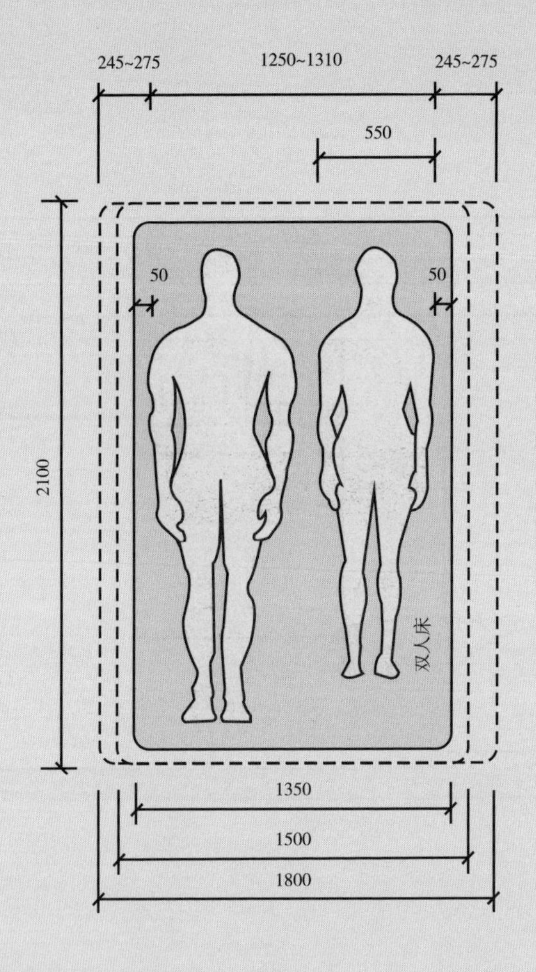

床尾预留间距

床尾需要有足够的通行距离，理论上床尾需要预留出 550mm 以上的间距，足够一个人通行，但考虑到舒适性，通道的距离最好为 900~1200mm。

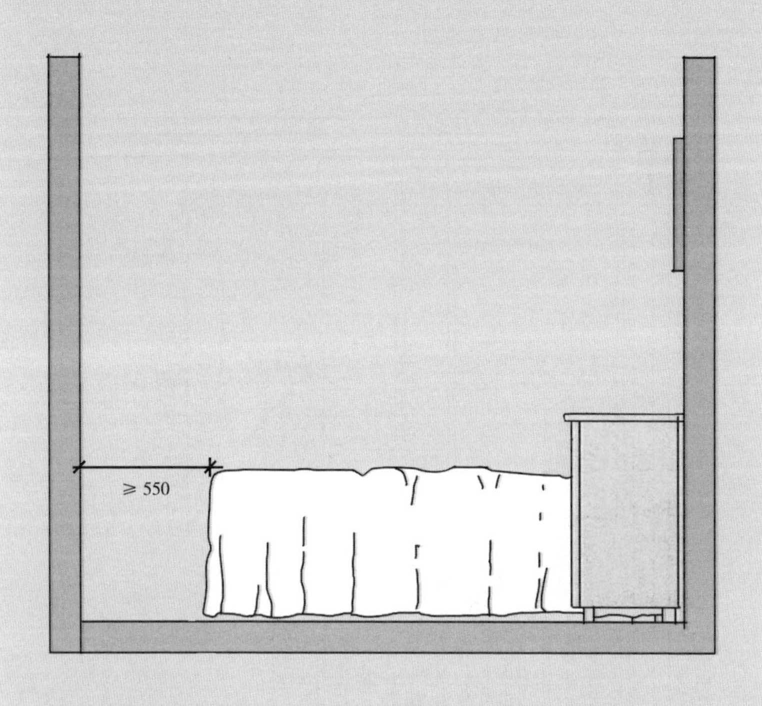

③ 双层床卧室布局面积的极限值为 9.5m^2

双层床的卧室适合二孩家庭，考虑到两个孩子的书写、阅读活动，书桌的长度至少为 1800mm，以满足两个人同时使用。床侧与书桌之间的距离最小为 1200mm，床侧与衣柜之间预留的通道间距最小为 550~600mm。

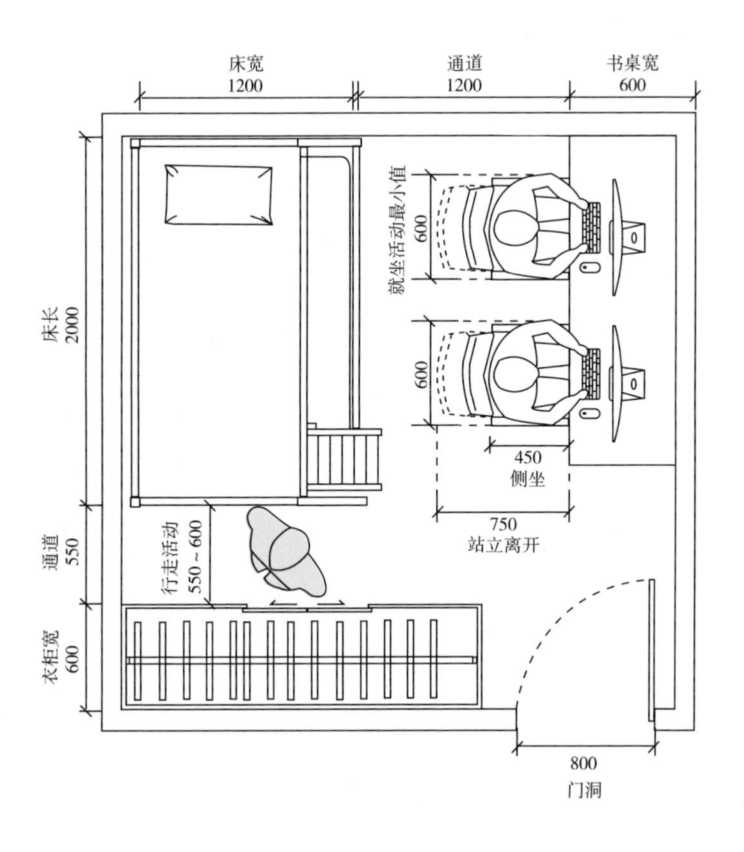

儿童双层床尺寸

儿童双层床的下铺与上铺之间最好留有 920~990mm 的间距，上铺离地最好不要超过 1600mm，以减少滚落受伤的风险。

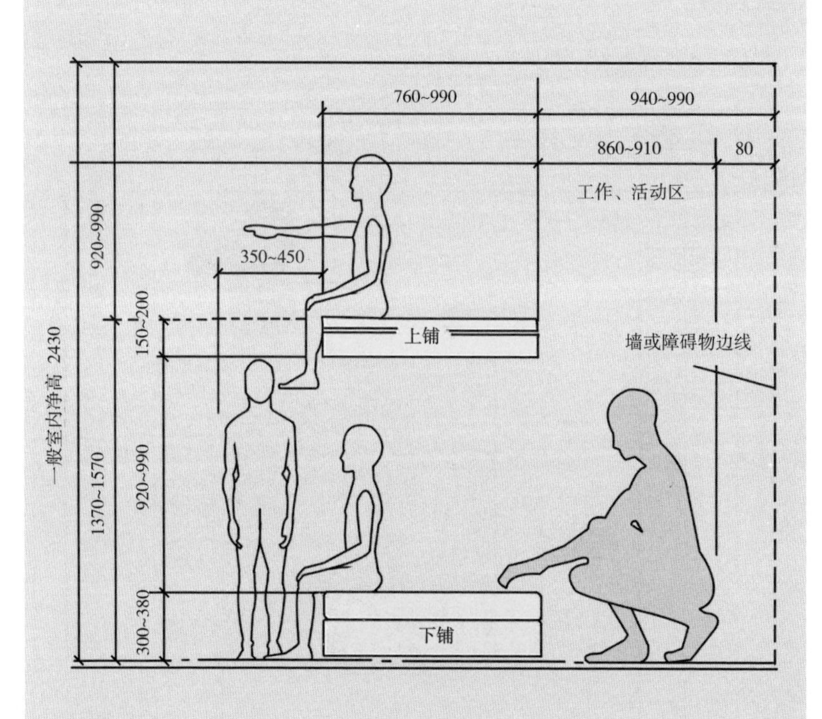

④ 带婴儿床的卧室布局最小面积为 11.5m²

带婴儿床的卧室布局要考虑床一侧需要预留出至少 550mm 的间距来摆放婴儿床，以方便父母起夜照顾孩子。衣柜既可以放在床尾也可以放在床侧，但是要确保预留出至少 550mm 的间距，如果衣柜是平开门，要给衣柜门预留至少 630mm 的空间。

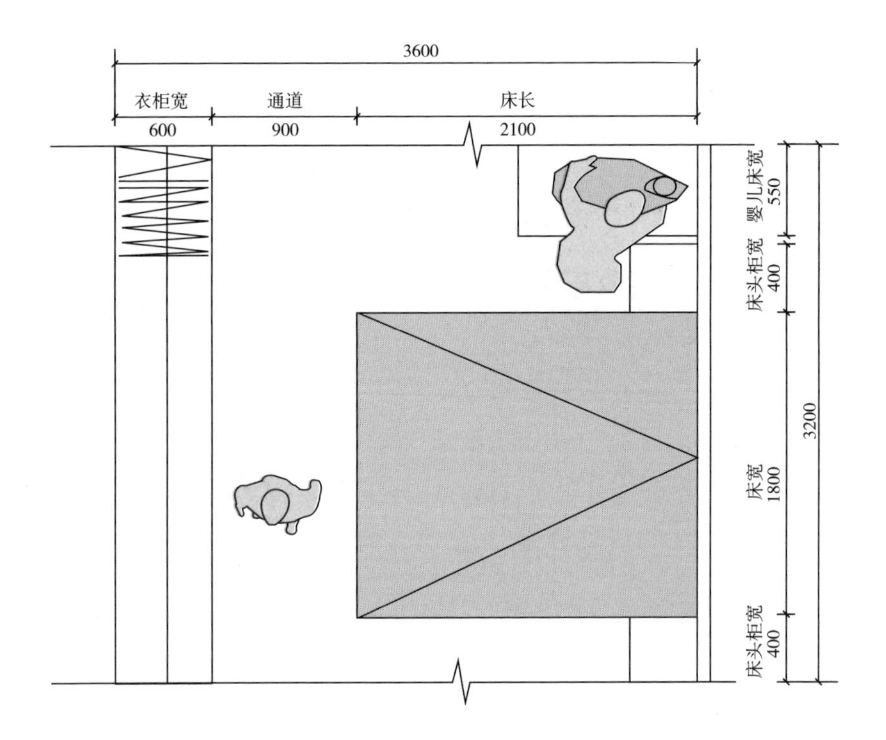

2. 卧室家具布置尺寸

① 床与墙的间距

如果床一侧只放一个床头柜，那么只要预留出 550~600mm 的间距，保证人能够下床并且通行即可。

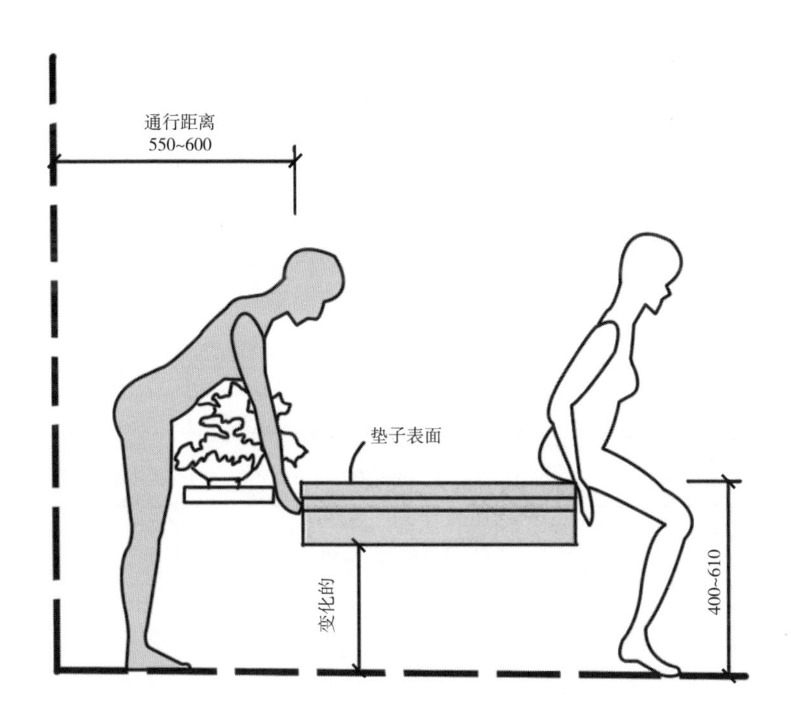

如果希望能在床侧进行蹲下铺床等活动，那么床到墙或障碍物的距离至少为 940mm。

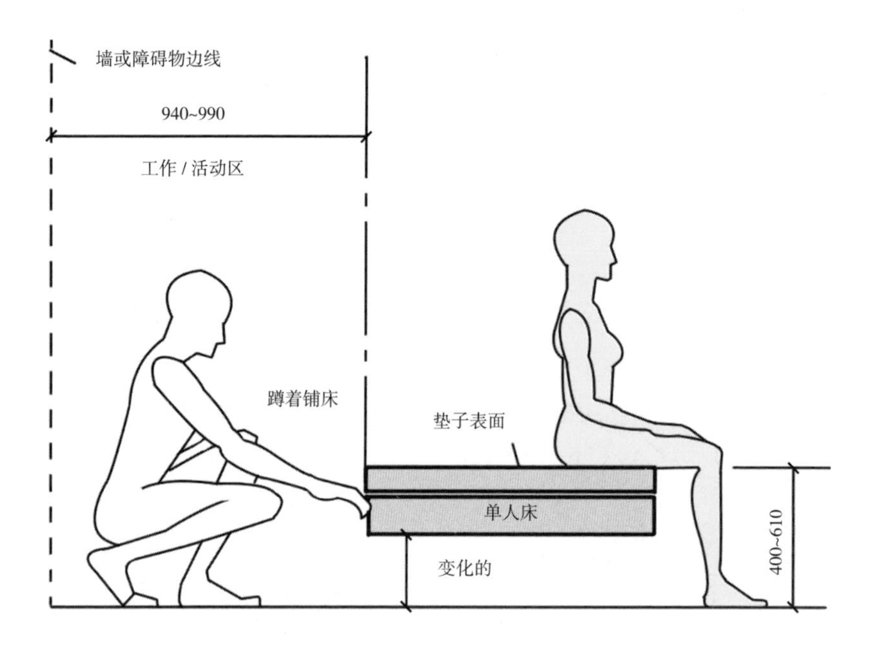

如果床一侧的间距能达到 1220mm 左右，那么不仅有足够的空间通行，而且还能进行打扫、清洁等活动。

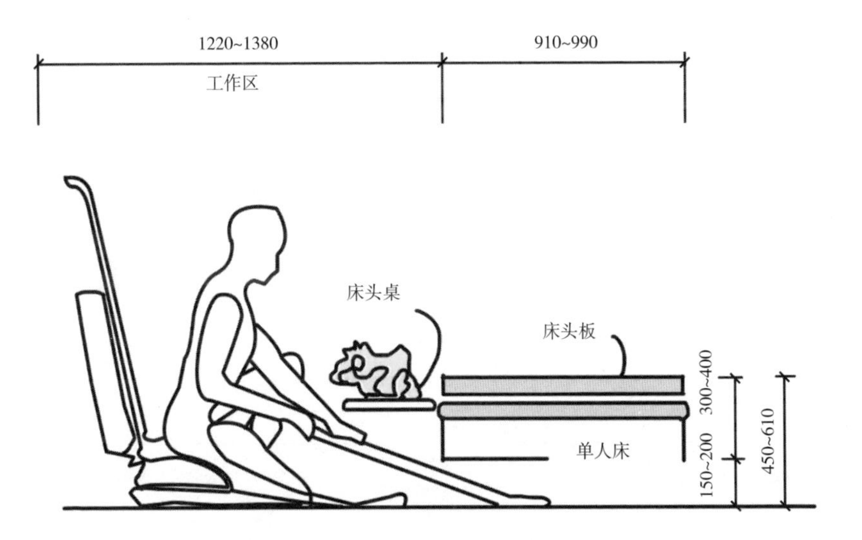

② 衣柜到床的距离

设置在床旁边和对面的衣柜，在摆放时需要留有一定的空间，这个空间的极限值也和衣柜的开门方式有关。家庭常用的衣柜开门方式有推拉门和平开门。

推拉门是利用上下轨道进行左右推拉开启，所以衣柜前方不需要预留柜门对外开启的空间，只要保留不小于 450mm 的活动空间即可。但是推拉门的缺点是无论往哪一边开启，衣柜的内部空间都会有一侧被门阻挡，不便于拿取衣物。

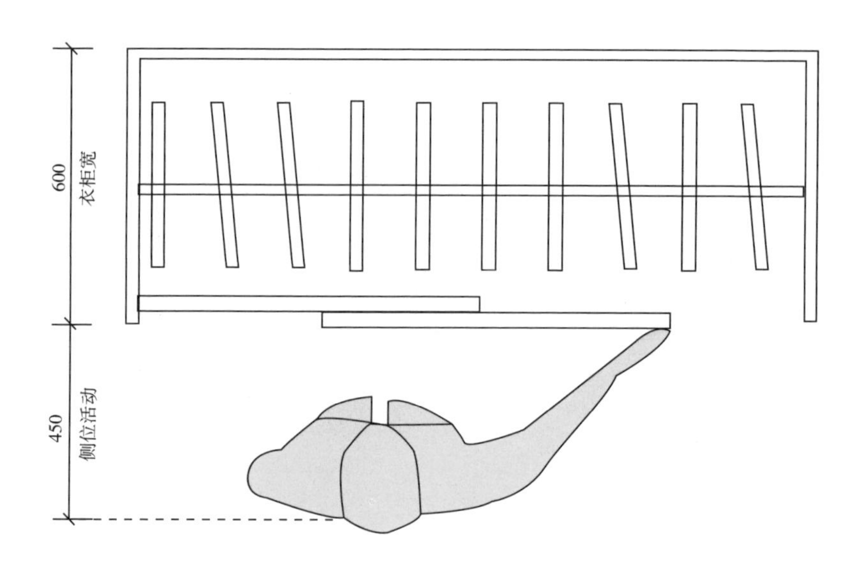

平开门与推拉门不同，它是通过铰链将门扇向外拉开。所以平开门需要预留门扇开启的空间，并且门扇越大需预留的尺寸越大，常规衣柜门扇的宽度为180mm，加上平开门前应预留不小于450mm的活动空间，所以一般来说，平开门前需要预留630mm以上的空间。

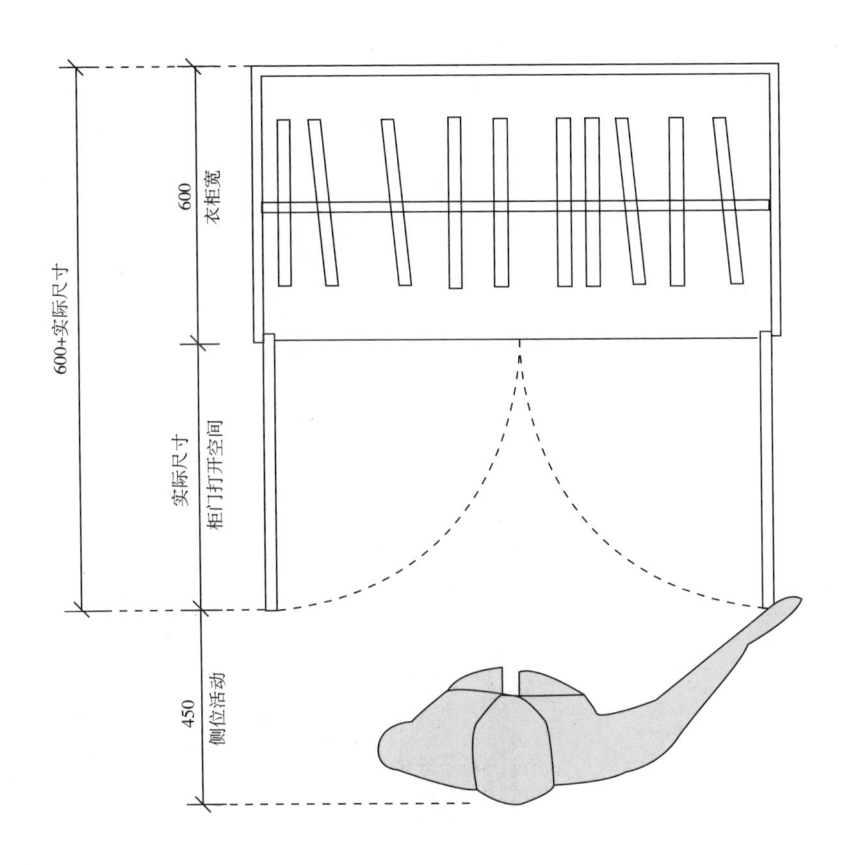

③ 定制衣柜尺寸

卧室收纳的大多是居住者的衣物、床单被褥等，每个家庭收纳的数量不同，但分类大致相同，如衣物类、床品类、配饰类等。

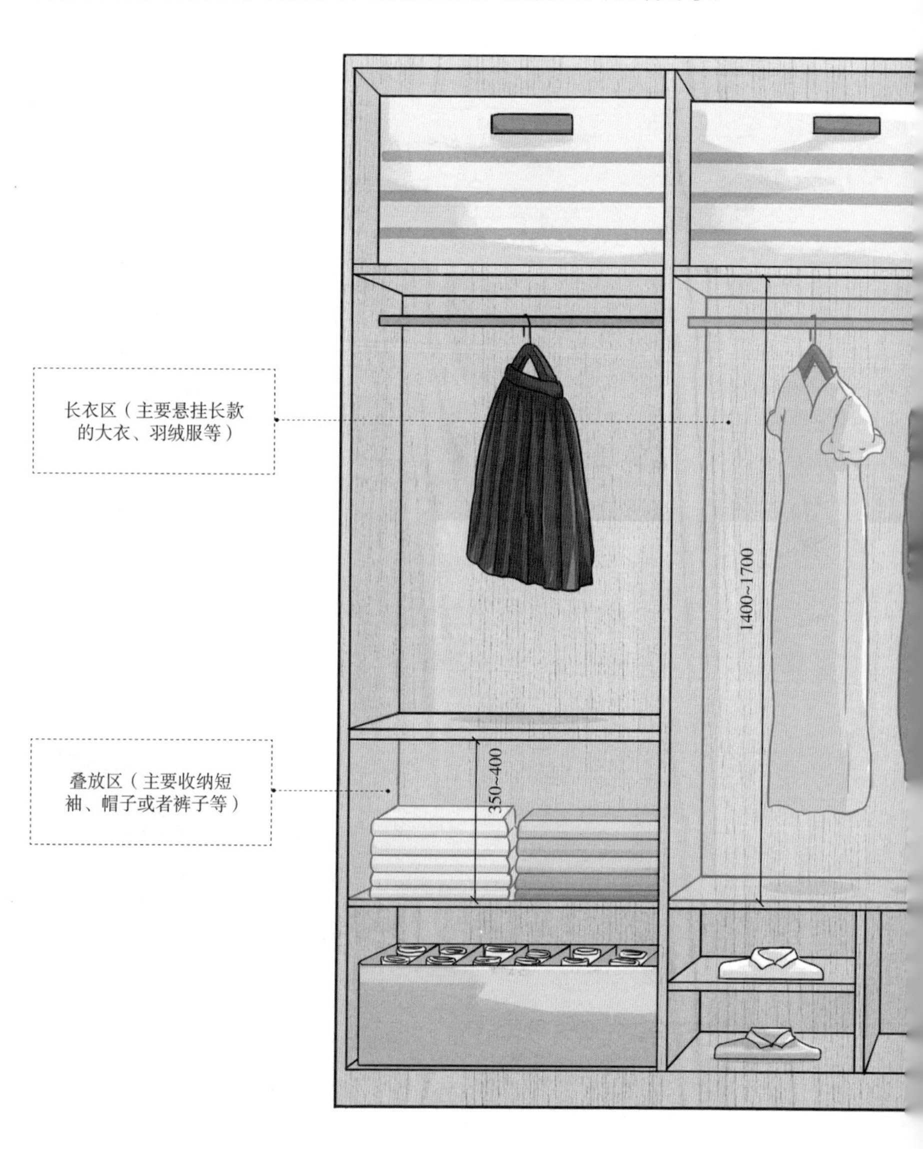

400~500
被褥区（主要放一些换季的被子或不常穿的衣服等）
1000~1200
短衣区（主要悬挂比较短的外套等）
600~800
挂裤区（主要挂裤子）

3. 卧室软装布置高度

① 卧室挂画布置高度与宽度

卧室挂画的高度一般为 500~800mm，长度根据墙面或者主体家具的长度而定，一般为床长度的 2/3。在悬挂时，挂画底边离床头靠背上边 150~300mm 或顶边离吊顶 300~400mm 最佳。

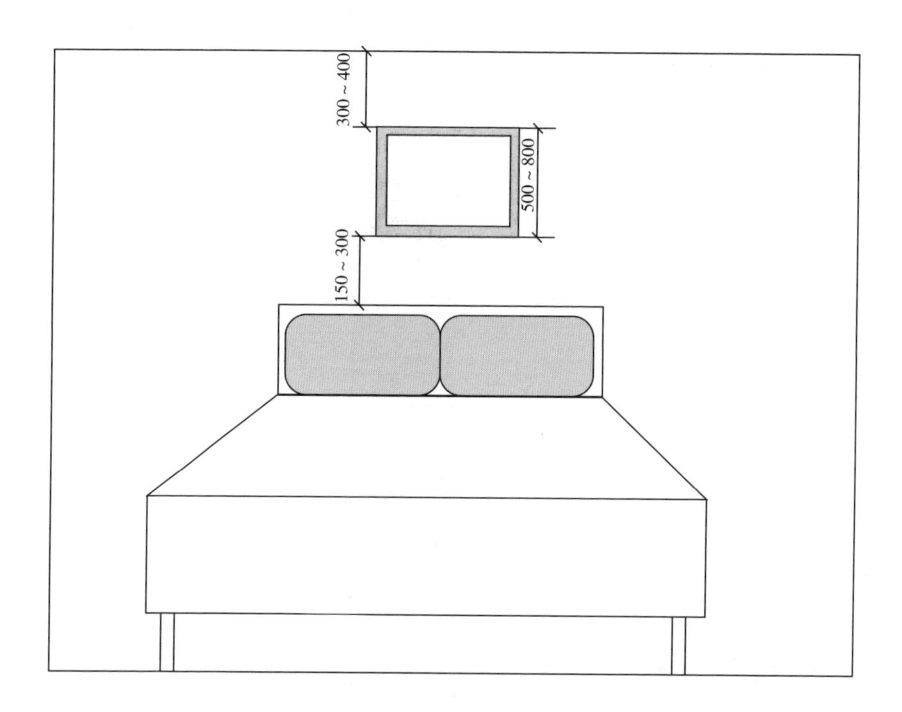

② 卧室灯具布置尺寸

卧室的主要功能是休息与收纳，私密性较高，其对于照度的要求不是很高，整体照度一般为10~30 lx，重点是能营造宁静、温馨的氛围。和客厅灯光布置相似，卧室灯光的布置也可以根据吊顶的不同，选择不同的灯具和布置尺寸。

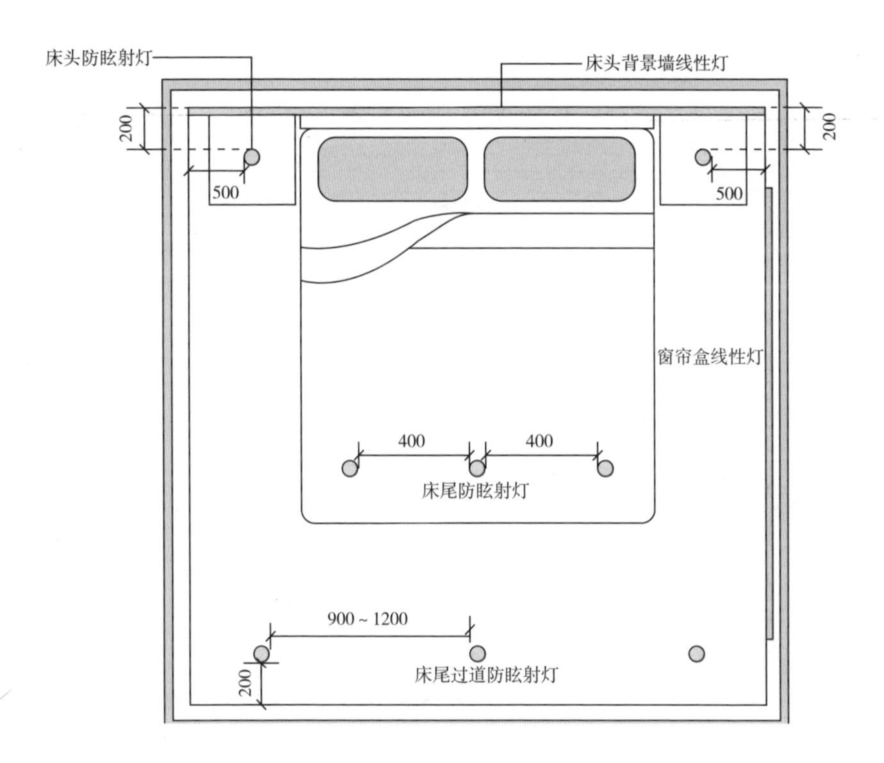

悬浮吊顶灯光设计

不吊顶的卧室最常使用明装灯具，可以在床尾的地方设置 2~3 个射灯作为主要照明，营造氛围。射灯的排布间距在 400mm 左右，为了丰富照明层次，满足多样的照明需求，可以在床头柜上方离墙 200mm 的位置设置明装射灯，注意射灯不能安装在床头正上方。

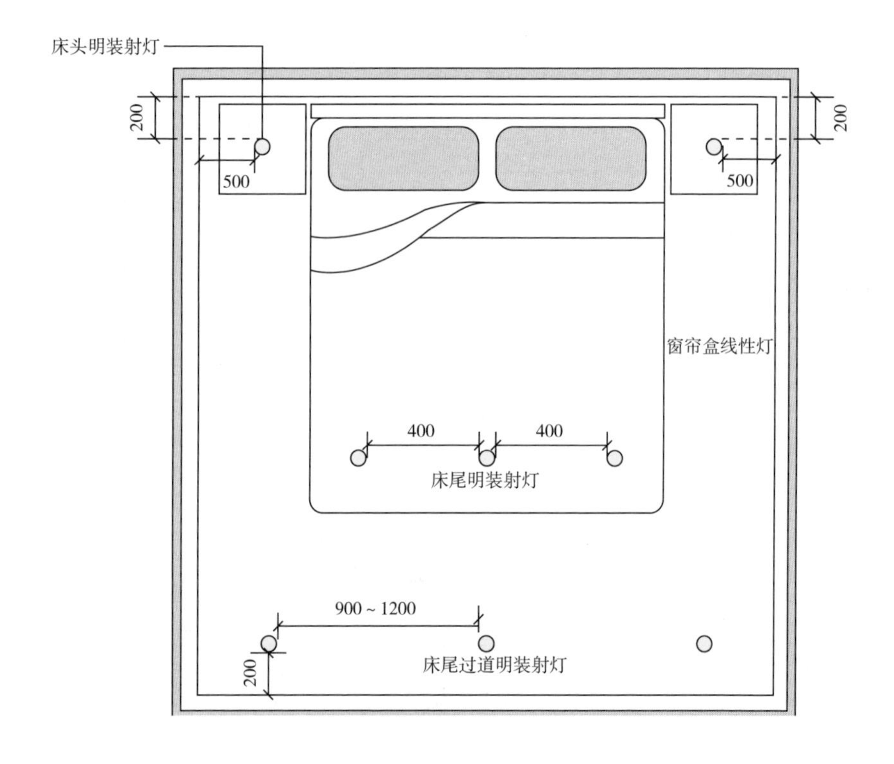

不吊顶灯光设计

为了保持平顶吊顶的整洁感，顶面常用嵌入式的灯具作为照明首选。在卧室床尾往床头方向 200mm 的位置安装射灯作为主要照明，这个位置可以避免光线直接照射眼睛，灯与灯之间的间距保持在 400mm 左右。同时在床头柜两边各布置一个射灯进行补充照明，射灯距墙至少 200mm。

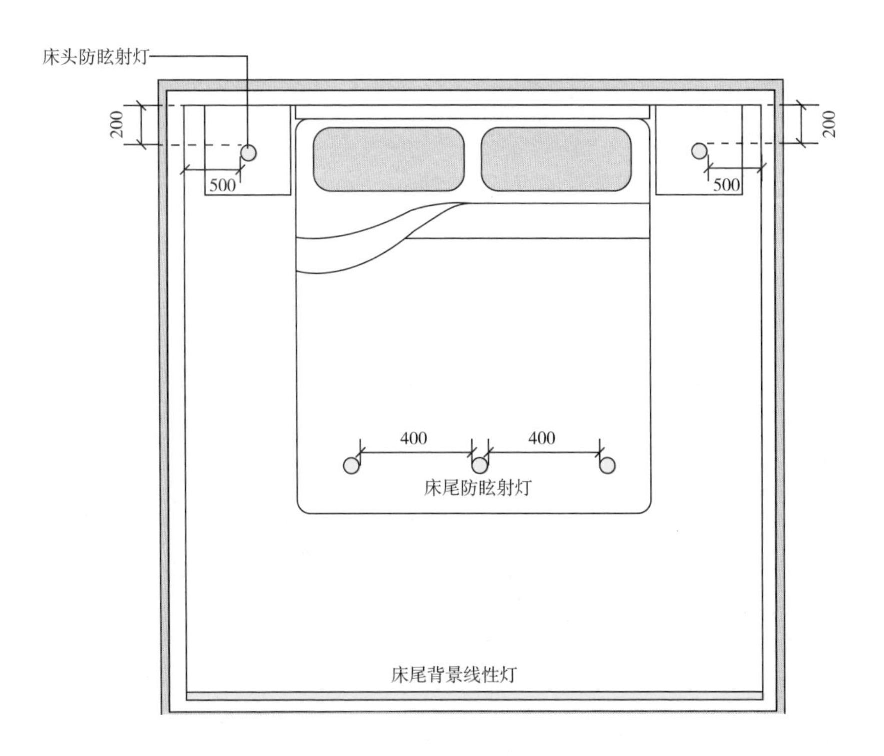

平顶吊顶灯光设计

平顶吊顶卧室也可以用偏光洗墙线性灯，当光线柔和地洒落在墙面上，会让墙面看起来更显高级。在床尾用磁吸轨道灯进行布光，如果做了吊顶可选择预埋式或嵌入式磁吸轨道灯。在床尾过道处可以另外安装筒灯均匀照明，如果卧室空间较小可以选择不安装。

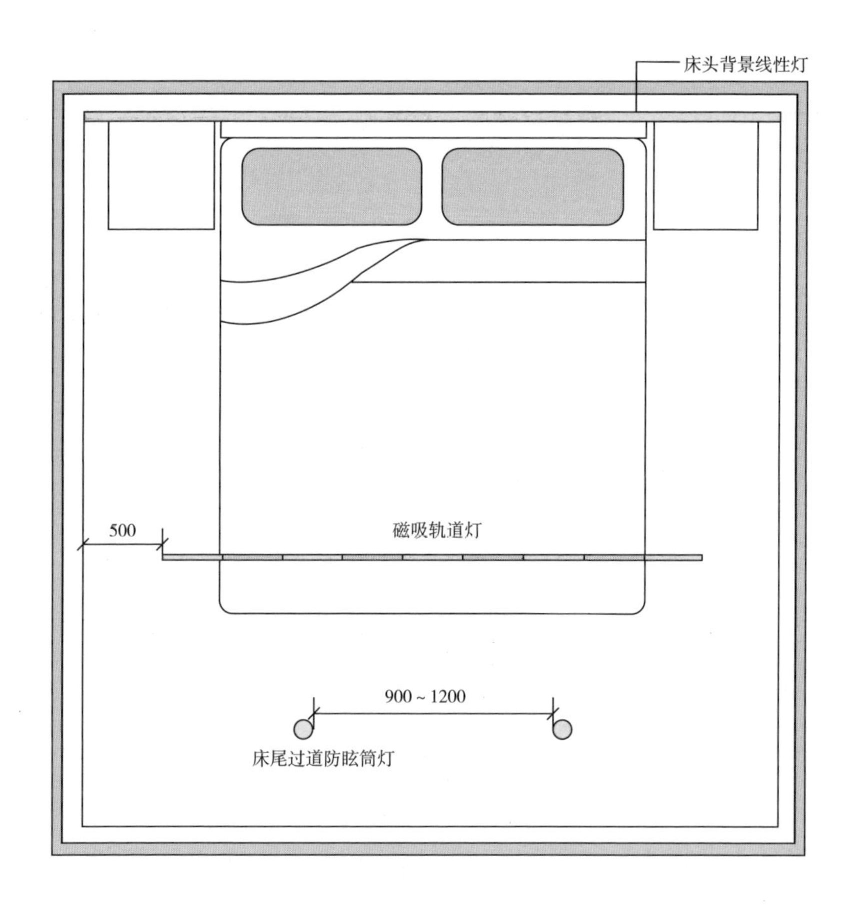

平顶吊顶灯光设计（偏光洗墙线性灯）

4. 卧室开关、插座安装高度

卧室一般会在入口处布置 1 个双控开关，也可以在床头附近布置 1 个开关，不用摸黑起夜。卧室插座可以隐藏在床头柜后面，这样更美观，但如果想使用得更方便一点，可以将插座设计在床头柜上方 700mm 处。此外，在衣柜里可以为挂烫机等预留 1~2 个插座。如果卧室摆放了化妆桌，那么可以为卷发棒、美容仪等预留 2~3 个五孔插座，距离地面高度 900mm 即可。

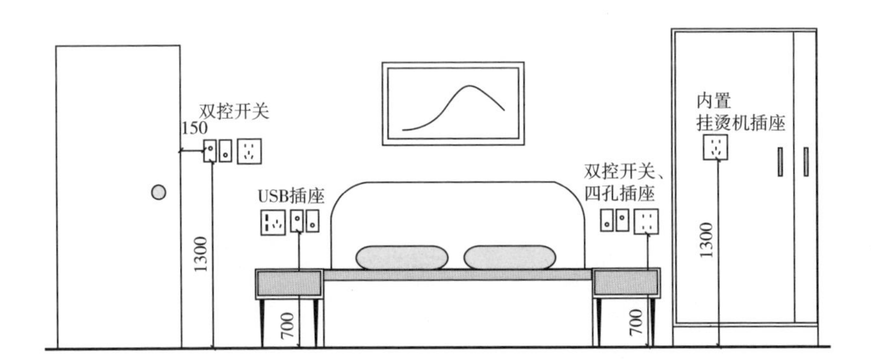

六、书房常见布局与相关布置尺寸

传统书房中，常常一张桌子、一把椅子、一个书架就占据了一个房间，但现在很多家庭拿不出一个房间作为单独的书房，更多的是把次卧和书房结合起来。但不论是哪种形式的书房，布局的尺寸都有其标准，否则会影响使用感。除此之外，书房的软装布置也很重要，所以本书也给出与装饰、灯光有关的尺寸标准，让书房能不光使用舒适，而且氛围感也好。

① 榻榻米 + 书房布局的最小尺寸为 2100mm × 2600mm

② 书桌的最小宽度为 600mm

③ 书桌的适宜长度为 1200mm

④ 书桌的高度宜为 750mm

1. 书房常见布局

① 榻榻米 + 书桌布局的极限值为 5.46m^2

书房最常见的布局方式是和客卧设计在一起，可以选择榻榻米和书桌组合的布局，这样布局的最小尺寸为 2100mm × 2600mm。书桌的最小宽度为 600mm，书桌椅最小间距为 450mm，其身后最小通行间距为 900mm。

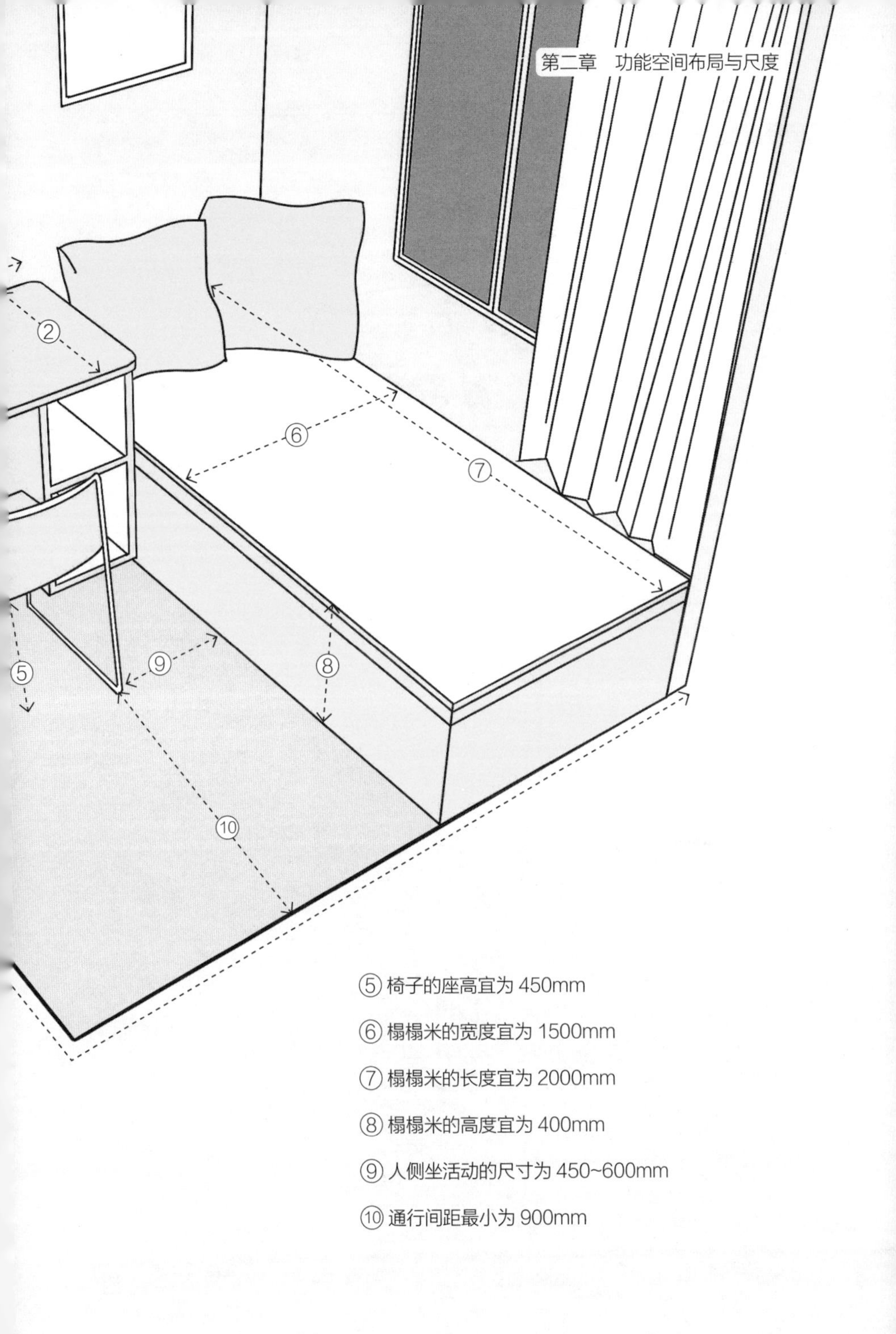

⑤ 椅子的座高宜为 450mm

⑥ 榻榻米的宽度宜为 1500mm

⑦ 榻榻米的长度宜为 2000mm

⑧ 榻榻米的高度宜为 400mm

⑨ 人侧坐活动的尺寸为 450~600mm

⑩ 通行间距最小为 900mm

书桌使用尺度范围

在书桌上进行阅读、写字活动时，至少需要 900mm × 500mm 的空间，所以一般书桌的最小长度在 1200mm 左右，宽度在 600mm 左右。

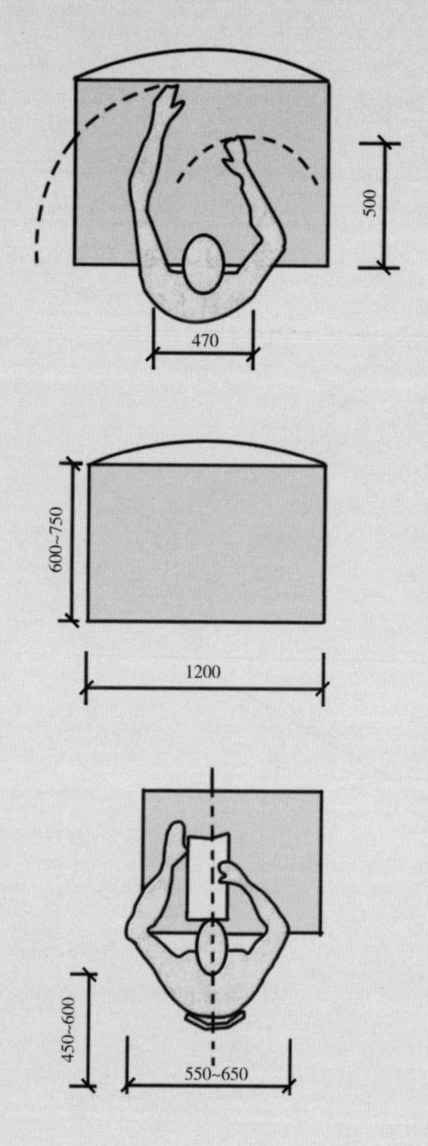

2 独立书房区最少需要预留 $3m^2$ 的空间

如果没有独立的房间，那么想打造一个能实现书房功能的区域，最小需要 3㎡的空间。空间中仅放一张长 1950mm 的书桌，注意预留出 900mm 的通道距离。如果想增加收纳空间，可以在书桌上方做吊柜，这样不会多占用空间。

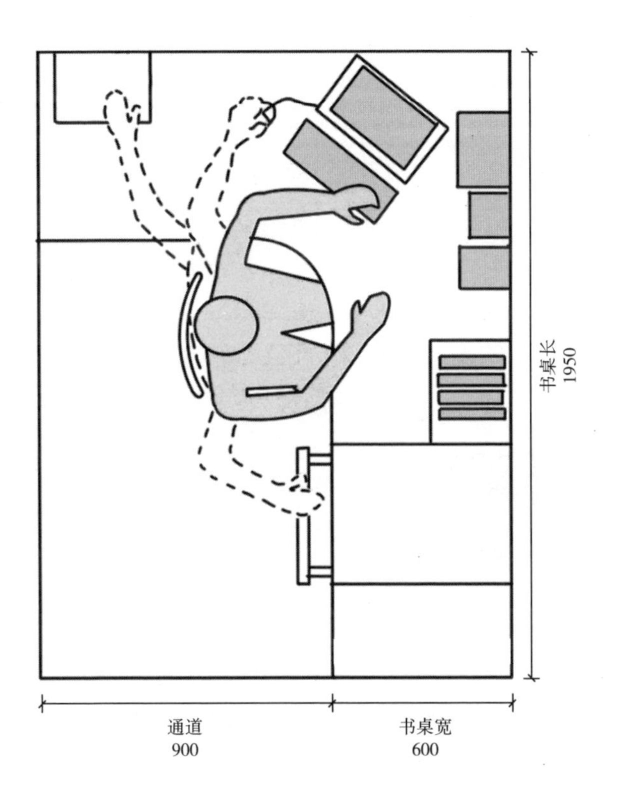

③ 有收纳 + 睡眠需求的书房布局，最小面积为 4.62m²

如果想在书房中放衣柜增加收纳空间，那么布局的最小尺寸为 长 2200mm， 宽 2100mm。要保证书桌椅到衣柜之间预留出至少 900mm 的通行间距。

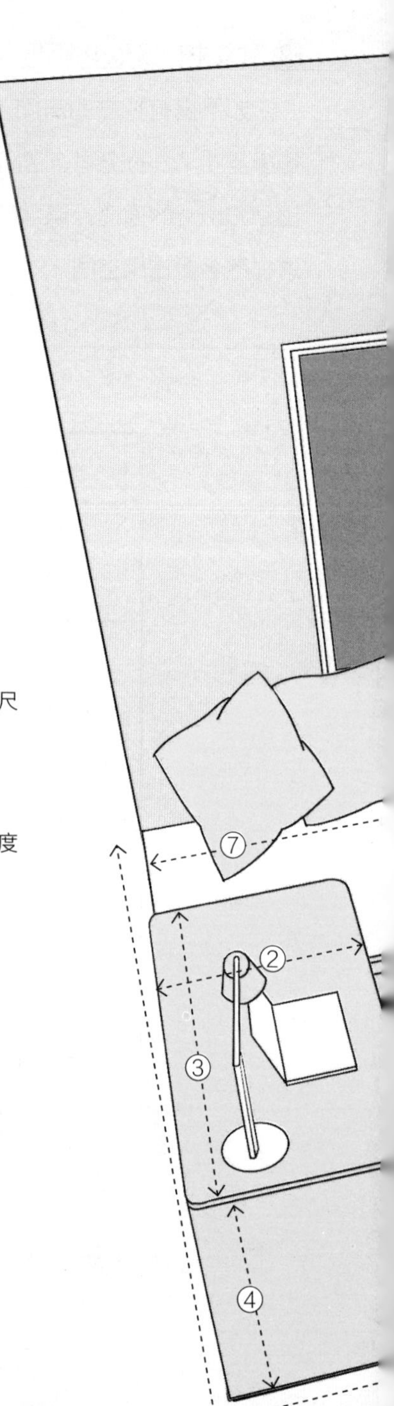

① 有收纳 + 睡眠需求的书房布局，最小尺寸为 2200mm × 2100mm

② 书桌的最小宽度为 600mm

③ 书桌的最小长度为 600mm，适宜长度为 1200mm

④ 书桌高度宜为 750mm

⑤ 椅子座高宜为 450mm

⑥ 榻榻米的宽度宜为 1500mm

⑦ 榻榻米的长度宜为 2000mm

⑧ 榻榻米的高度宜为 400mm

⑨ 人侧坐活动的尺寸为 450~600mm

⑩ 通行间距最小为 900mm

⑪ 衣柜深度为 600mm

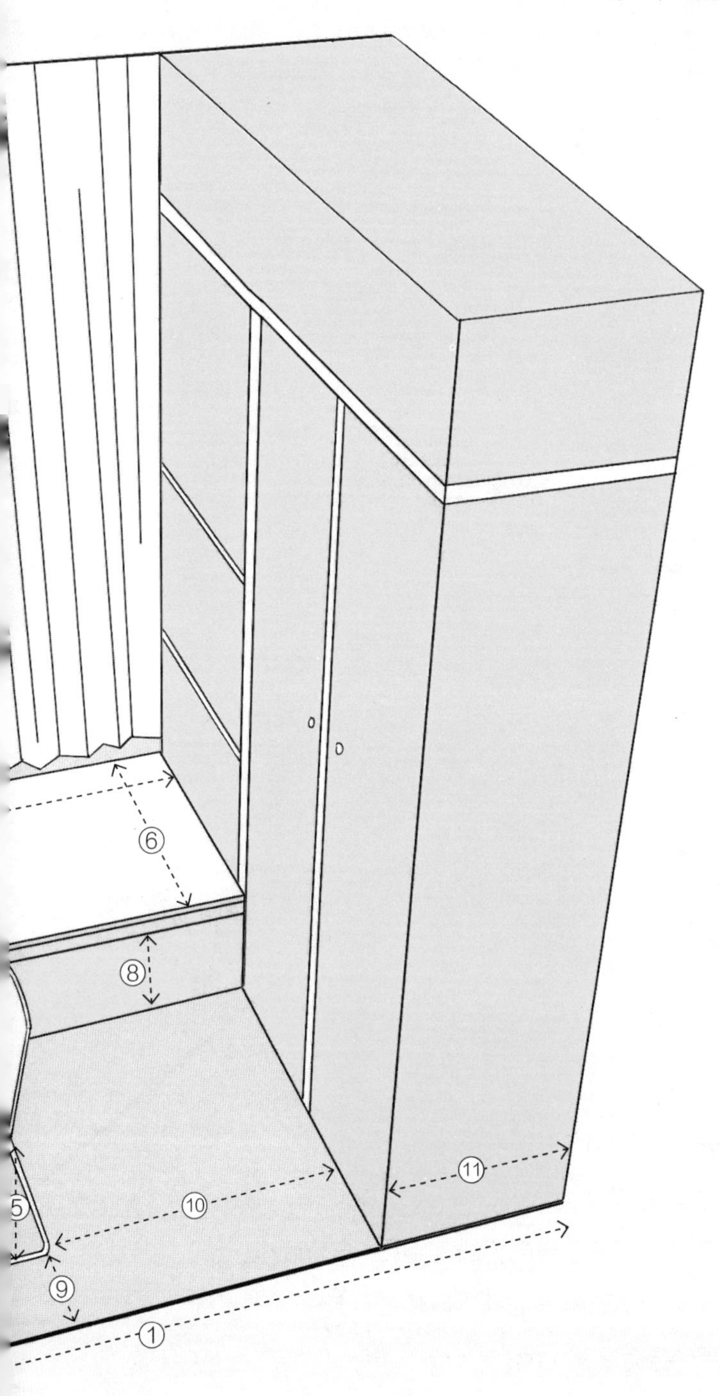
⑥
⑧
5
⑩
⑪
⑨
①

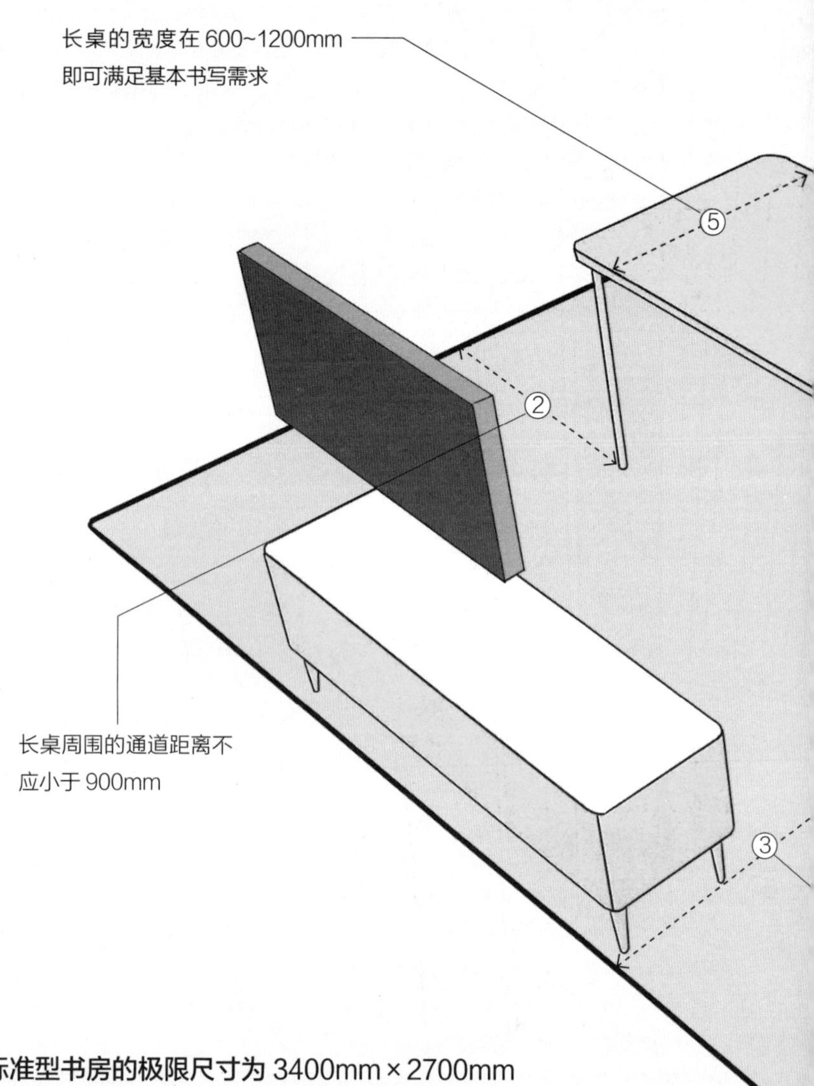

④ 标准型书房的极限尺寸为 3400mm×2700mm

独立书房适宜的尺寸为 3400mm×2700mm，书柜可以布置在书桌后，只要椅子到书柜的间距在 550mm 以上即可，同时预留出至少 750mm 的间距以便拉开椅子。书桌周围的通行距离至少要有 900mm。

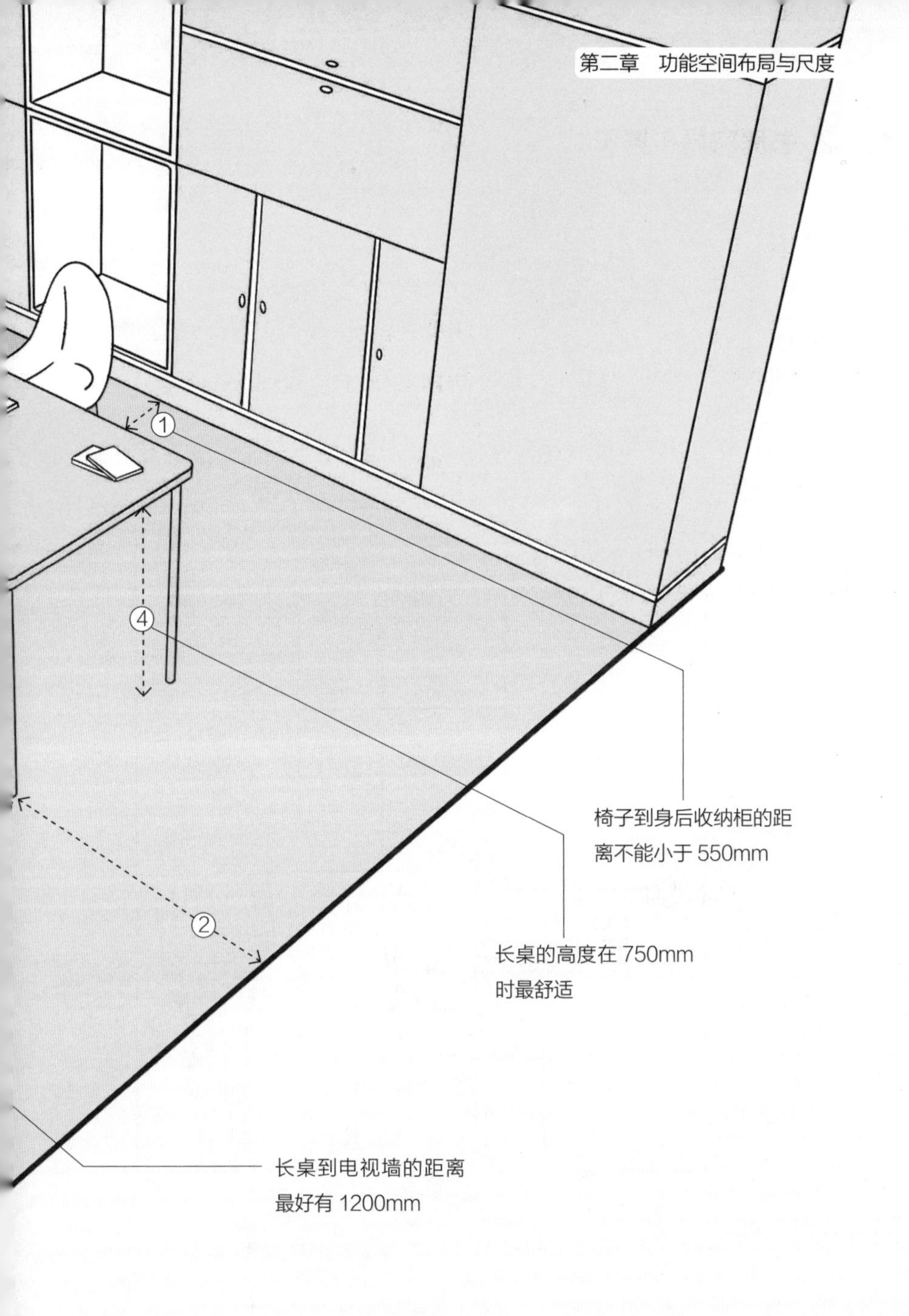
①
④
②
椅子到身后收纳柜的距离不能小于 550mm
长桌的高度在 750mm 时最舒适
长桌到电视墙的距离最好有 1200mm

2. 书房家具布置尺寸

① 椅子到墙或障碍物的距离

椅子的宽度为 455~610mm，如果想将椅子轻松拉开，需要额外留出 305mm 的活动距离，因此总共需要留出 760~915mm 的距离。如果椅子后方考虑过人，那么需要再留出 550mm 以上的间距。

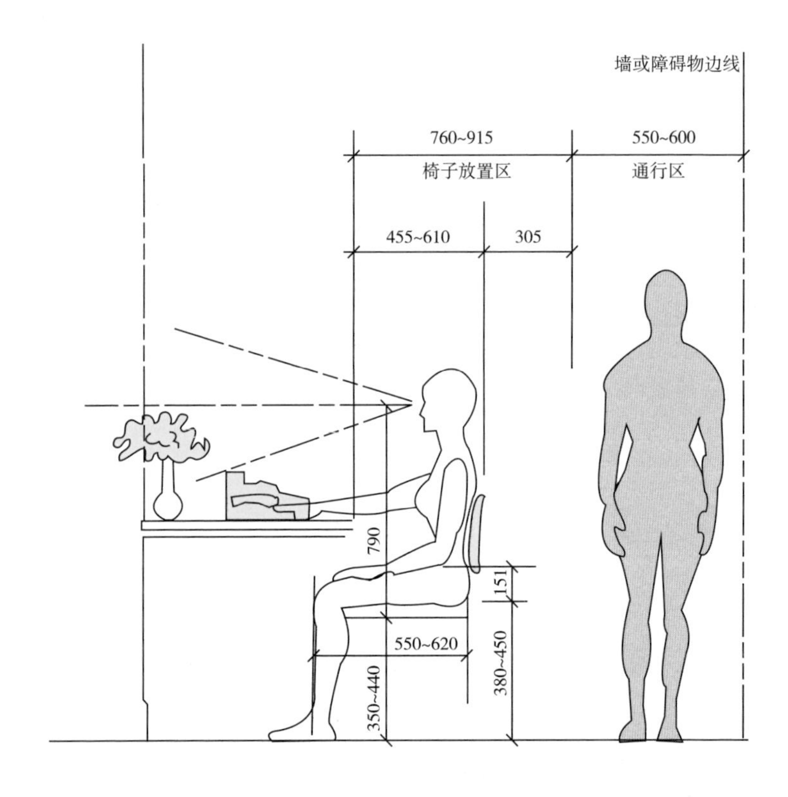

如果椅子后方不过人，但想满足转身就能拿到书柜上物品的需求，此时椅子到书柜的距离预留出 580~730mm 即可。注意书柜的最上层不能超过 1980mm，因为这是人举手取物的最大高度。

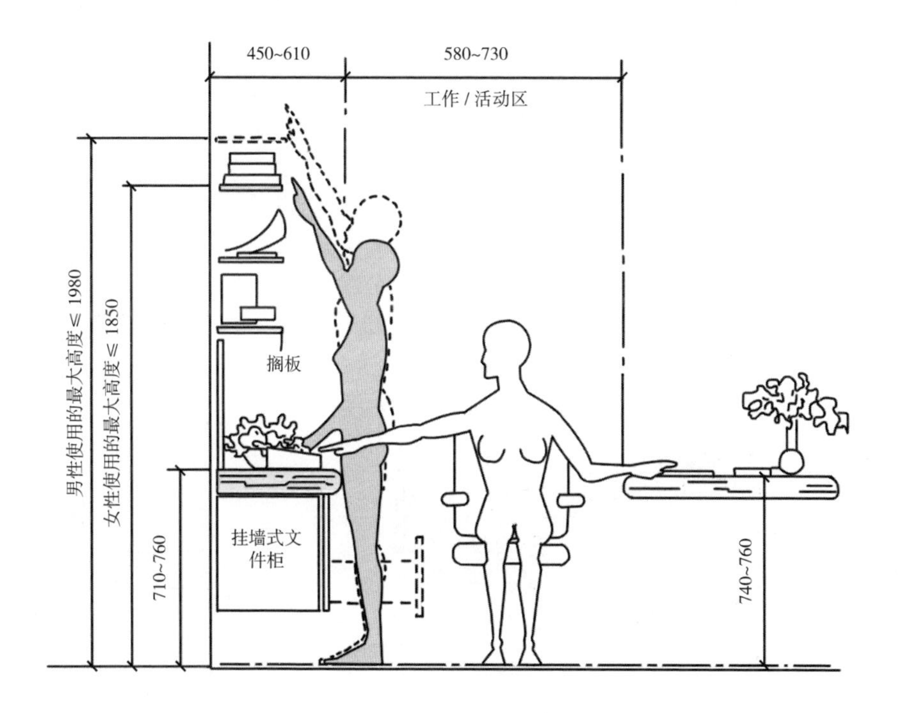

如果椅子后方有书柜，首先椅子和书柜之间需要留出 550mm 以上的通行距离，加上书柜的进深 455~560mm，那么椅子后方至少需要预留 1005mm 的距离。

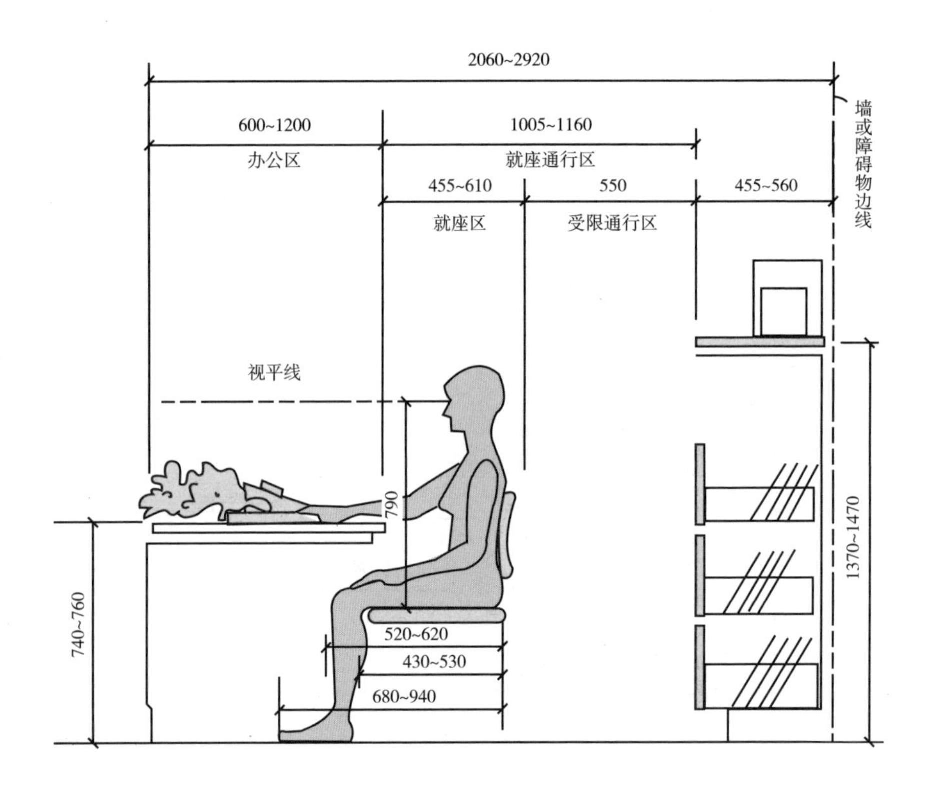

抽屉式书柜前预留尺寸

住宅书房常使用开放式书柜，所以书柜前预留 550~600mm 的间距即可，但如果使用的是抽屉式书柜，那么要考虑抽屉完全拉出的尺寸，一般为 355~560mm，加上 305mm 的活动空间和 450~610mm 的柜子进深，所以椅子后方至少要预留 1110mm 的间距。

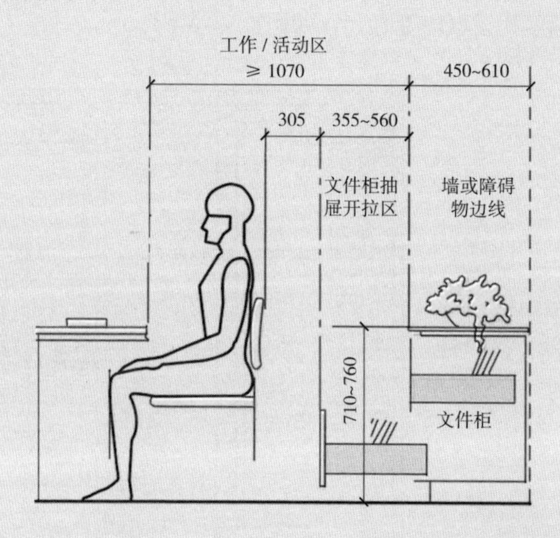

书桌椅使用尺度

带有吊柜的书桌，吊柜底部离桌面最少 550mm，这样才可以放得下电脑等设备。书桌的高度一般为 740~760mm，椅子的高度则在 470mm 左右，这样可以平视电脑。

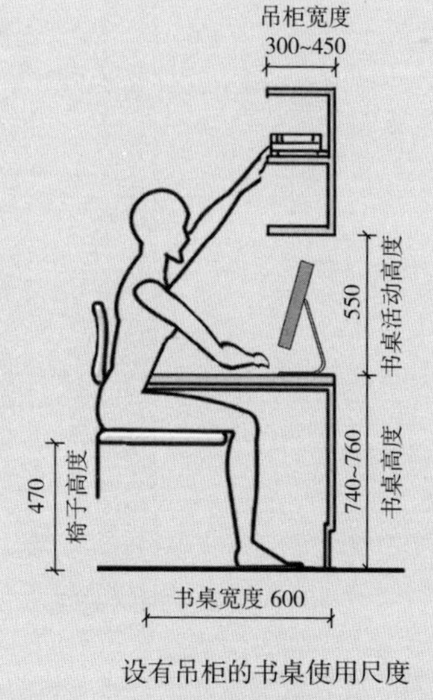

设有吊柜的书桌使用尺度

② 定制书柜尺寸

书房需要收纳的物品不少，除了学习、工作用的必要文具外，还会收纳部分生活用品，比如电脑等电器设备。此时书柜的定制需要考虑电器的位置预留，还要考虑所收纳物品的不同，如果多为书籍收纳，那么柜格的高度为 240~350mm 即可。

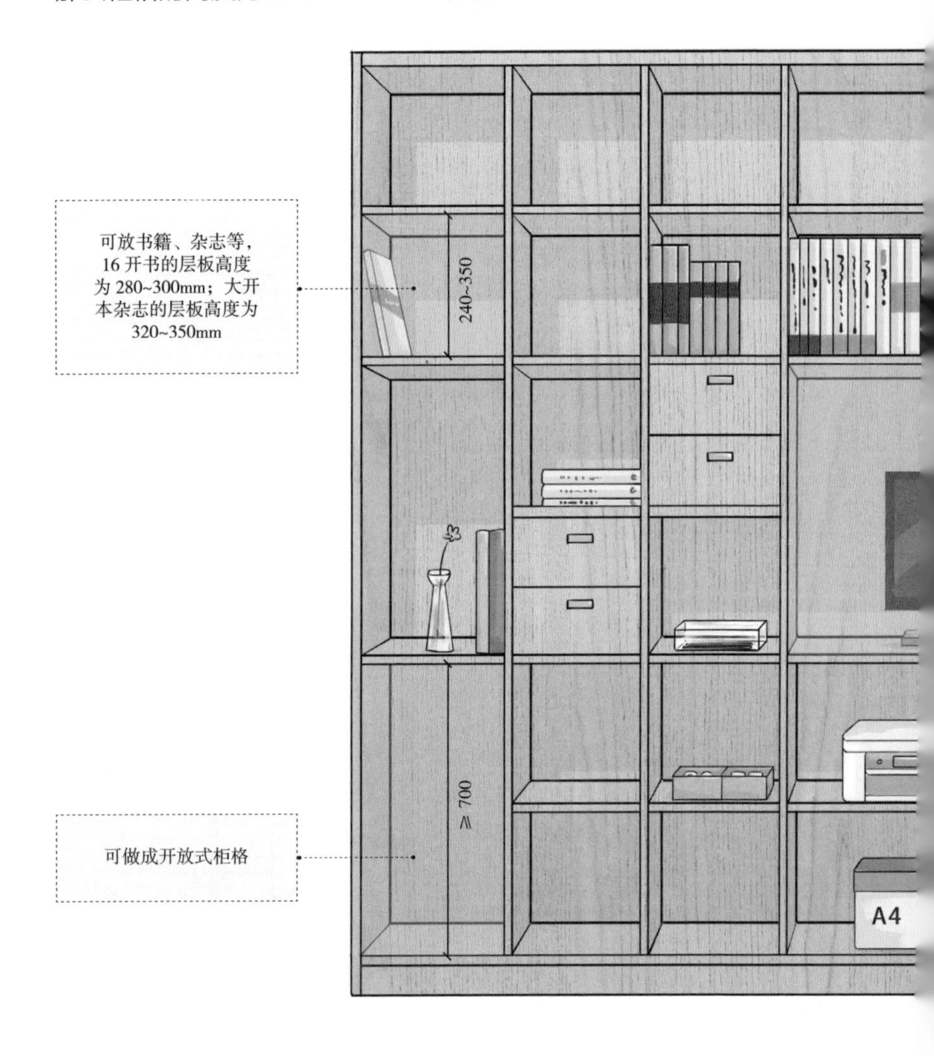

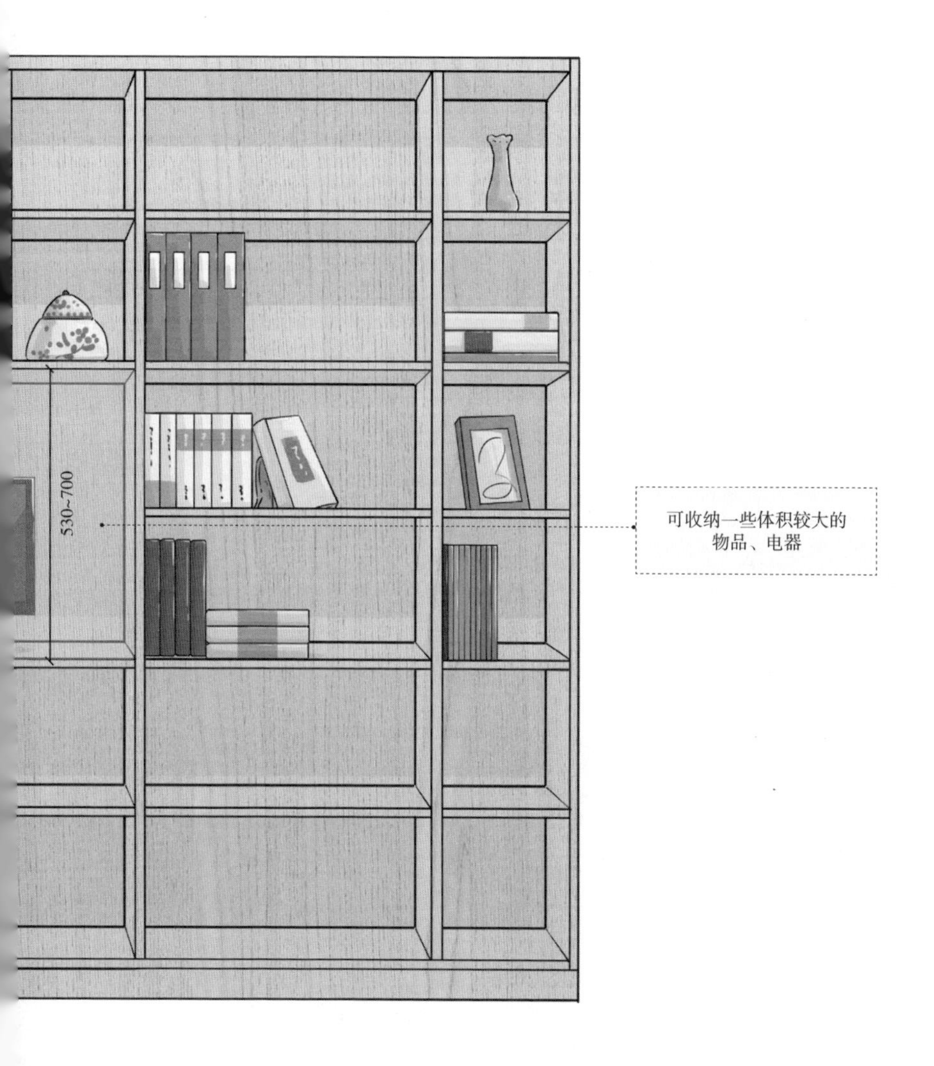
530~700
可收纳一些体积较大的
物品、电器

3. 书房灯具布置尺寸

书房是读书、学习的场所，主要进行的是视觉工作，所以照度要求相对较高。书房的照明主要是一般照明和局部照明，一般照明一般使用配光范围较宽的筒灯或吸顶灯，局部照明使用频闪较少的台灯、学习灯。

普通书房一般照明

可以采用配光范围较宽的筒灯或吸顶灯。

房间整体的照度：地板要保持在 100 lx 左右。桌面的照度：用于学习时在 750 lx 左右，使用电脑时为 500 lx 左右，玩游戏等需要 200 lx 左右。

普通书房间接照明

使用暖色光的荧光灯或LED灯照明时，既可以将灯具布置在书柜顶部，也可以布置在书架层板下。

如果不想在书柜顶部设置灯具，可以在书架前方用筒灯照射书架垂直面，以看清书架上摆放的书。另外，可以在书桌上方设置一盏壁灯，用均衡照明的手法照亮桌面和顶面，但要注意此时灯具下方要安装遮光板，以免从下方直接看到光源。

儿童书房一般照明

采用吸顶灯或筒灯以获得均匀的亮度，地面亮度以 100~200 lx 为佳。

选择直径 400mm 以上的吸顶灯能够确保整体亮度。

儿童书房局部照明

学习和读书时要保证桌面亮度达到 750 lx。

桌子上方有柜子的话，可以在隔板下方安装荧光灯管或 LED 灯，以保证桌面亮度。

4. 书房开关、插座安装高度

书房的开关直接设计在进门处即可，距地 1300mm，注意开关离门框的距离至少 150mm。在书桌附近，需要为电脑、手机、台灯等预留 3 个五孔插座，高度距地 1000mm，同时在书桌下方距地 300mm 的地方为电脑主机、打印机等布置插座。

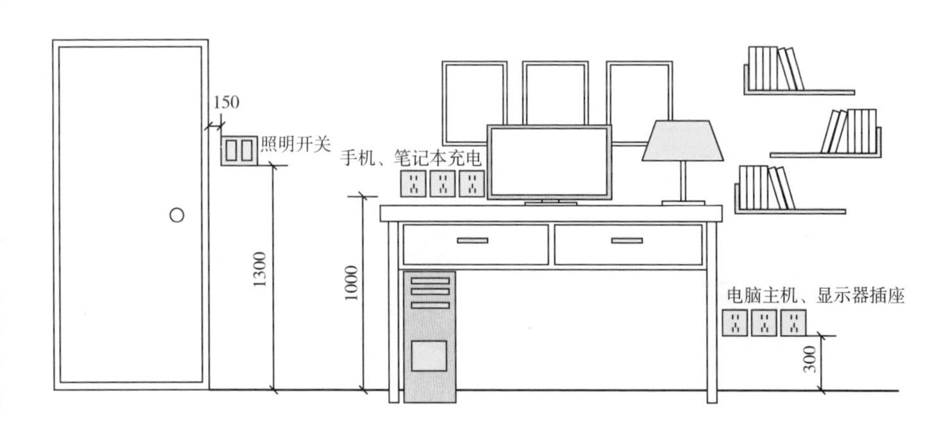

七、卫生间常见布局与相关布置尺寸

卫生间的布局可以根据使用功能的不同划分出三个区域：洗漱区、便溺区和淋浴区。一般住宅的卫生间都会包含这三个功能区，并且根据面积的不同，可以选择合适的布局，达到节省空间的目的。此外，本书对于卫生间的照明尺寸和插座安装高度等细节数据都有所涉及，让卫生间可以被设计得更加舒适、更加人性化。

设计规范提示

根据《住宅设计规范》（GB 50096—2011）中 5.4 规定：每套住宅应设卫生间，应至少配置便器、洗浴器、洗面器三件卫生设备或为其预留设置位置及条件。三件卫生设备集中配置的卫生间的使用面积不应小于 2.50m^2。

1. 卫生间常见布局

① 卫生间面积小于 2.55m^2，可考虑兼用型布局

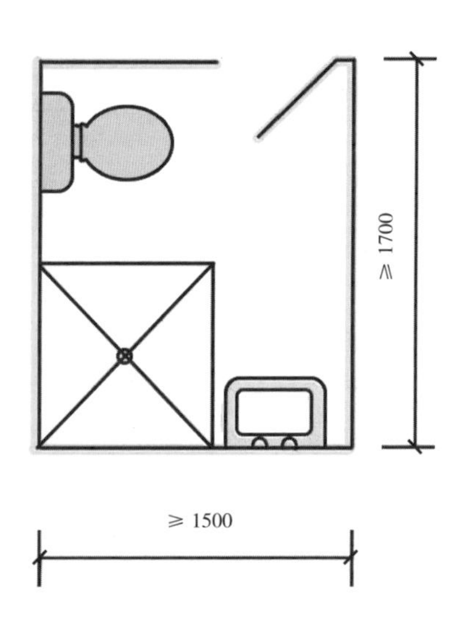

小于 3.2m^2 的空间可考虑兼用型布局，考虑到要满足最基本的使用需求，整个布局是比较紧凑的。方形淋浴间的极限值为 900mm×900mm，洗脸台紧挨着淋浴间，最小宽度为 600mm。坐便器到淋浴间和另一侧墙的间距至少各 200mm。

② 两件套干湿分离卫生间的最小布局为 3.15m²

如果卫生间面积比较小，那么可以只对淋浴区进行单独分离，便溺区和洗漱区不进行分离。坐便器、洗脸台前需要预留出至少 450mm 的活动区，所以坐便器左右的间距可以适当减少到各 100mm。

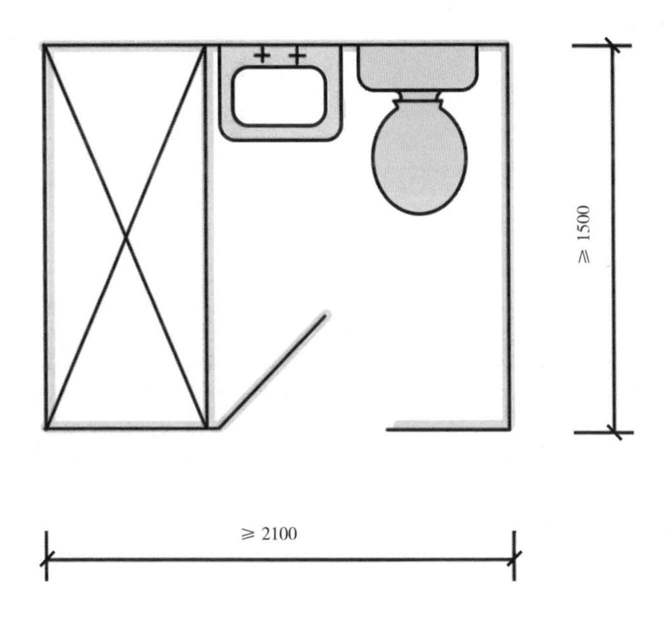

洗脸台布置距离

洗脸台周围最少需要预留出450mm的距离，以保证有足够空间完成弯腰洗脸等活动，适宜的距离为600~750mm；立式洗脸台与墙边最小距离为100mm。

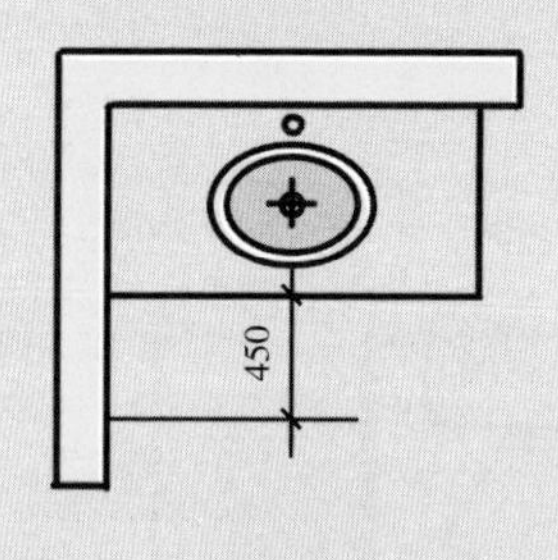

单洗脸台最小距离

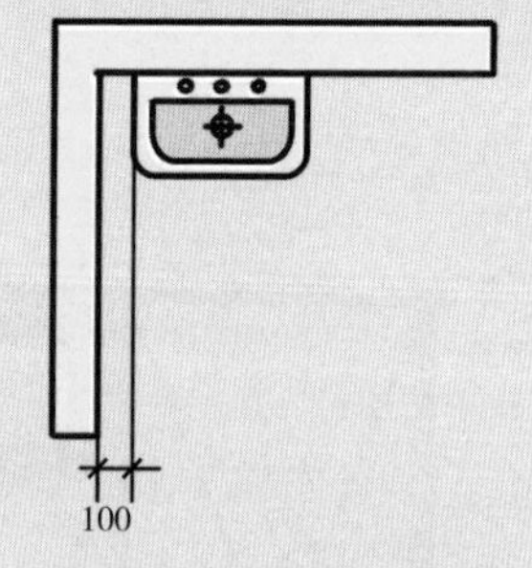

立式洗脸台距墙最小距离

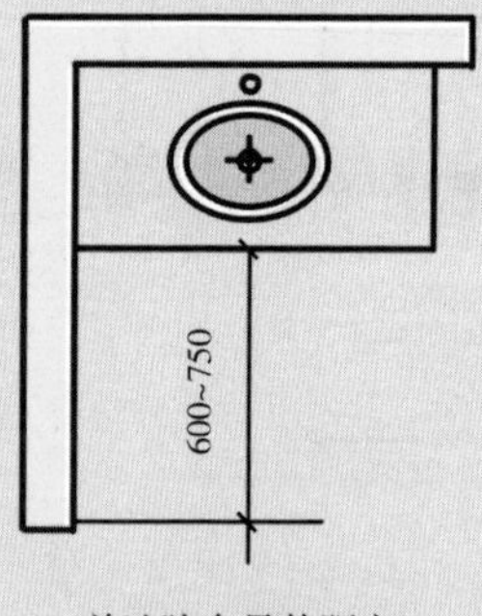

单洗脸台最佳距离

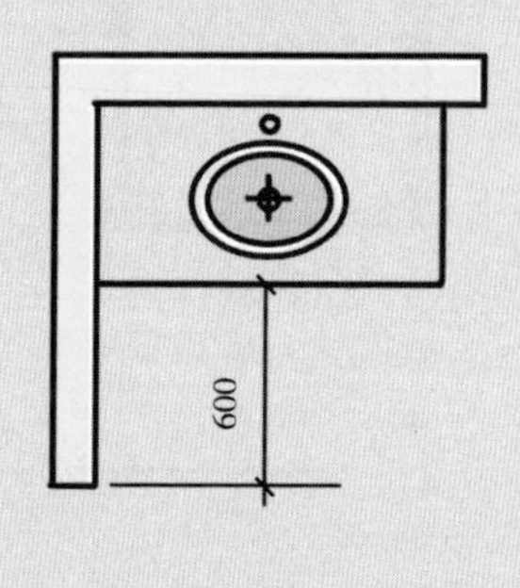

单洗脸台推荐距离

3 三件套干湿分离卫生间的最小布局为 4.05m²

基础的三分离布局是将洗漱区、便溺区和淋浴区各自划分开，彼此间互不干扰还能实现同时使用。实现三件套干湿分离布局的最小尺寸为 1500mm×2700mm，这个尺寸一般家庭都可以满足，但对于不同户型，开门位置可能需要略做调整。

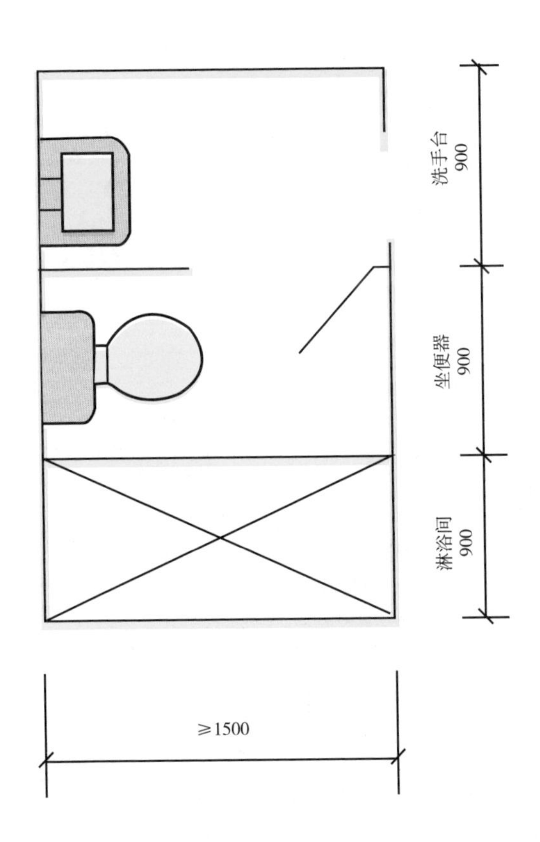

洗脸台尺寸

住宅常见的洗脸台包括台下盆、立式洗脸台、台上盆等几种，它们的尺寸各有不同。

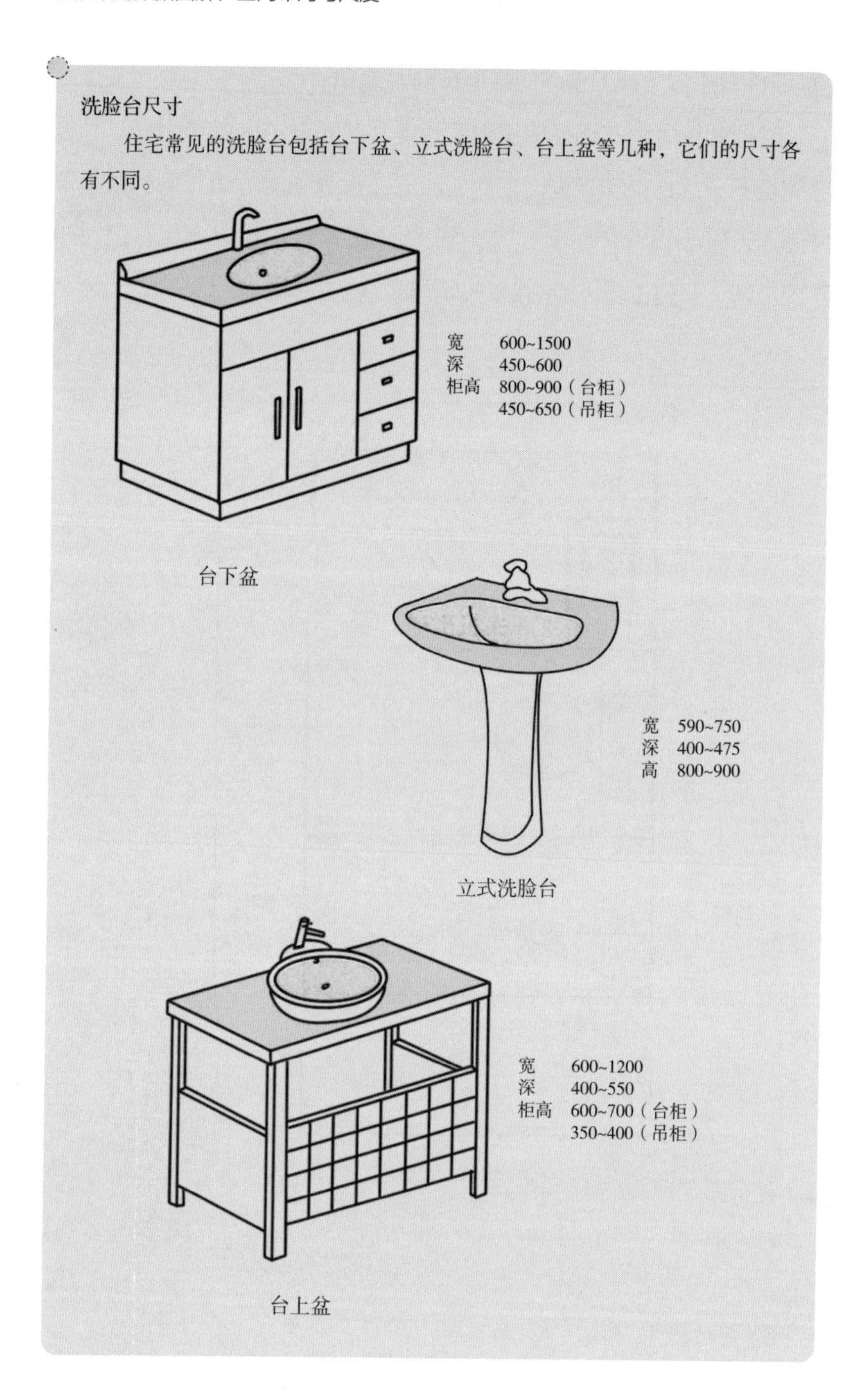

台下盆

立式洗脸台

台上盆

④ 卫生间面积≥ $6.9m^2$ 时可考虑独立型布局

如果卫生间的面积足够大，那么可以考虑独立型的布局，即洗漱区、便溺区和浴缸区完全分离，这种布局的最小尺寸为1800mm×3800mm。

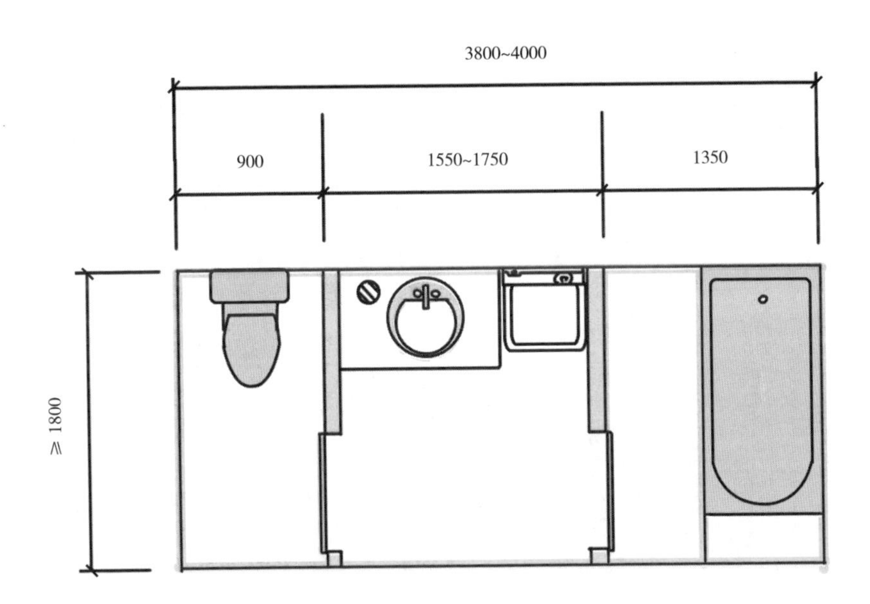

浴缸尺寸

一般浴缸的高度为 380~550mm，个别款式的浴缸（坐泡式木桶浴缸）高度可达到 750mm。浴缸的长度在 1420~1770mm 不等，宽度常为 660~690mm，双人浴缸的宽度可以增加到 1010~1120mm。

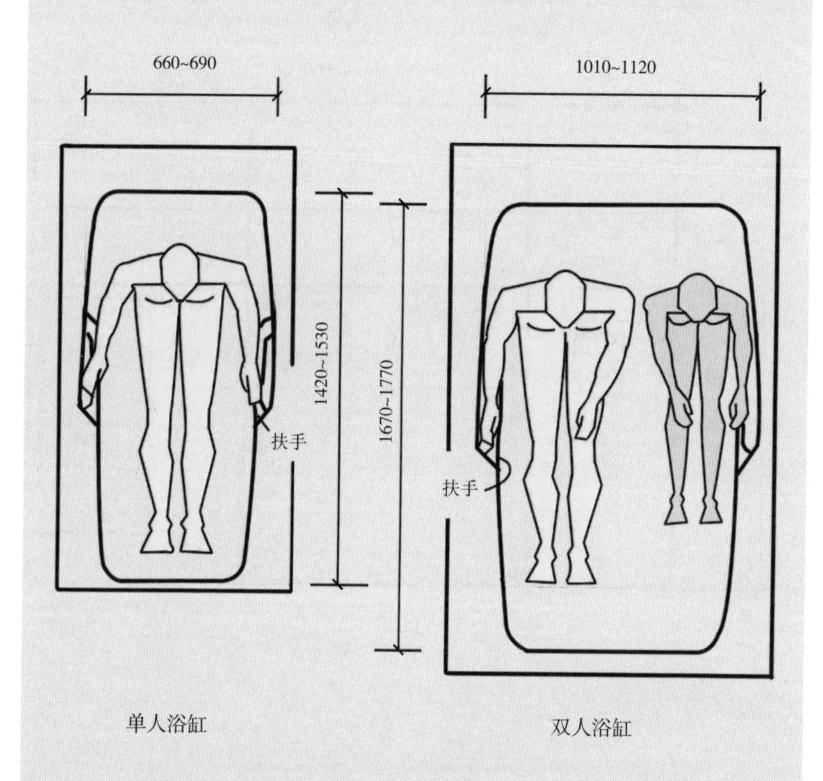

2. 卫生间家具与设备布置尺寸

① 坐便器周围预留尺寸

因为人体的坐高为385~425mm，所以坐便器的座位高度宜为350~400mm，坐起来更舒服。坐便器的长度为700mm，坐便器前方要预留足够的空间以便进行各类拿取活动，这个间距至少为450mm。

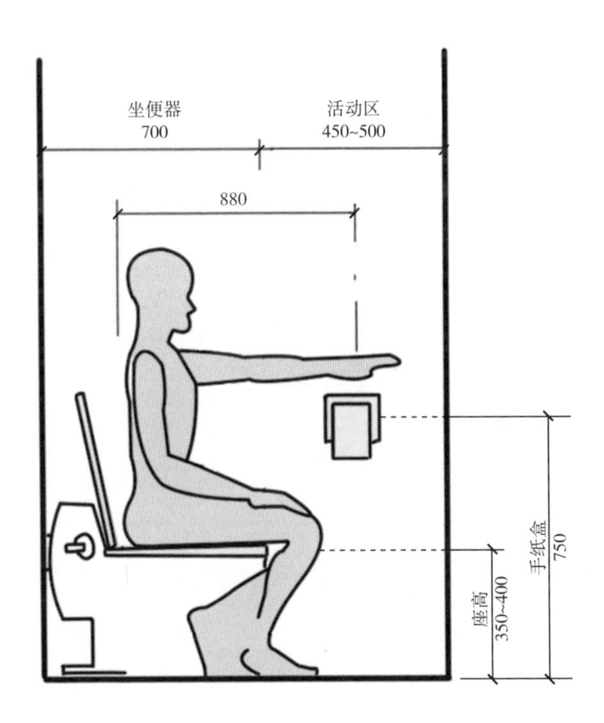

坐便器的宽度一般为 400~500mm，而坐便器的两侧宜留出 200~250mm 的间距，以方便使用者双腿及手臂的活动。坐便器前方要预留 450~500mm，以方便使用者的腿部摆放与站立、转身等活动。所以便溺区的极限尺寸为 800mm × 1150mm。

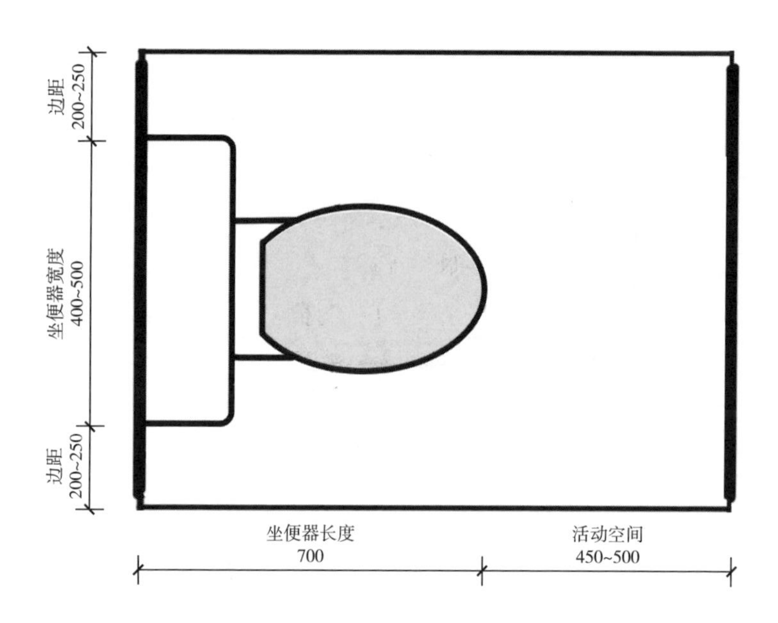

卫生间五金件安装高度

卫生间常见的五金件有毛巾杆、挂钩、厕纸架、置物架、毛巾架等，因为使用用途的不同，这些五金件安装的高度也不同，以此让使用者更加舒适地使用。

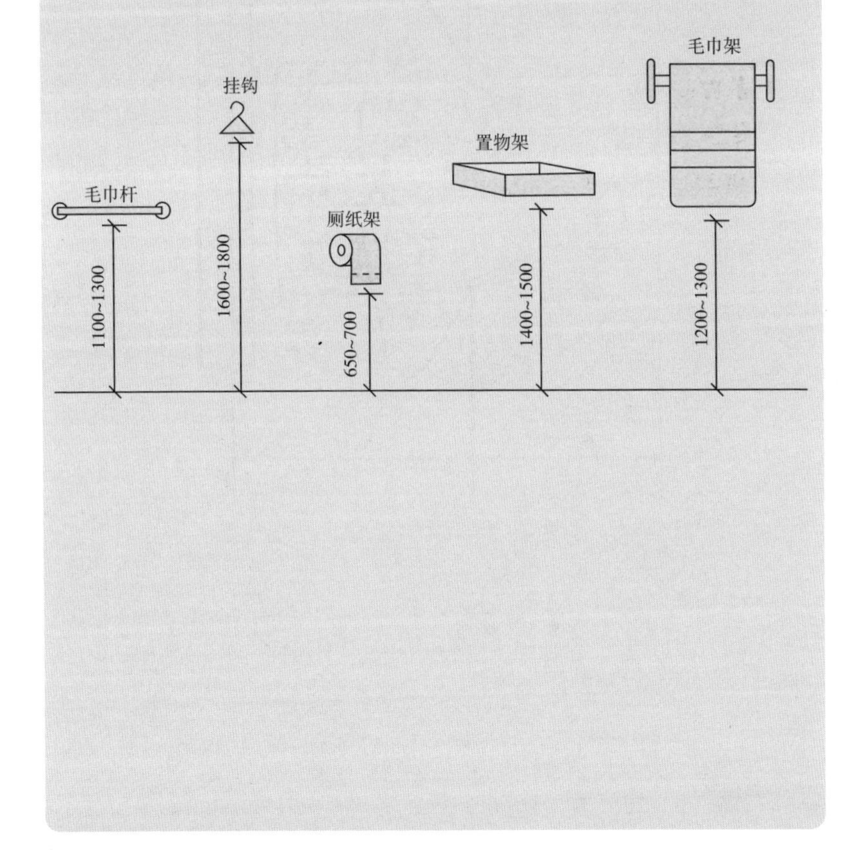

② 洗脸台周围预留尺寸

洗脸台的宽度一般为530~660mm，如果洗脸台后方预留450mm的距离，仅能满足侧身活动；预留600~900mm的距离可以实现弯腰洗漱。

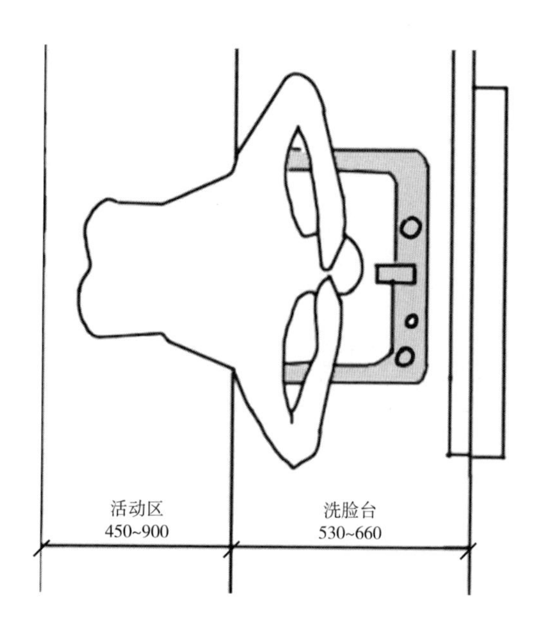

成年人洗脸台的高度为 800~850mm，适宜高度为 800mm；儿童洗脸台高度为 500~550mm，适宜高度为 500mm。

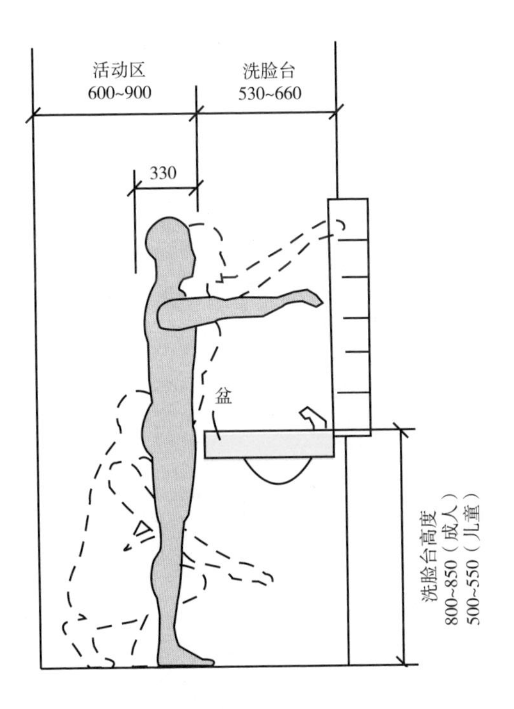

③ 淋浴间周围预留尺寸

淋浴间的宽度不能小于 900mm，因为淋浴活动伸展最小值为 800mm，所以淋浴间的最小尺寸为 900mm×900mm。

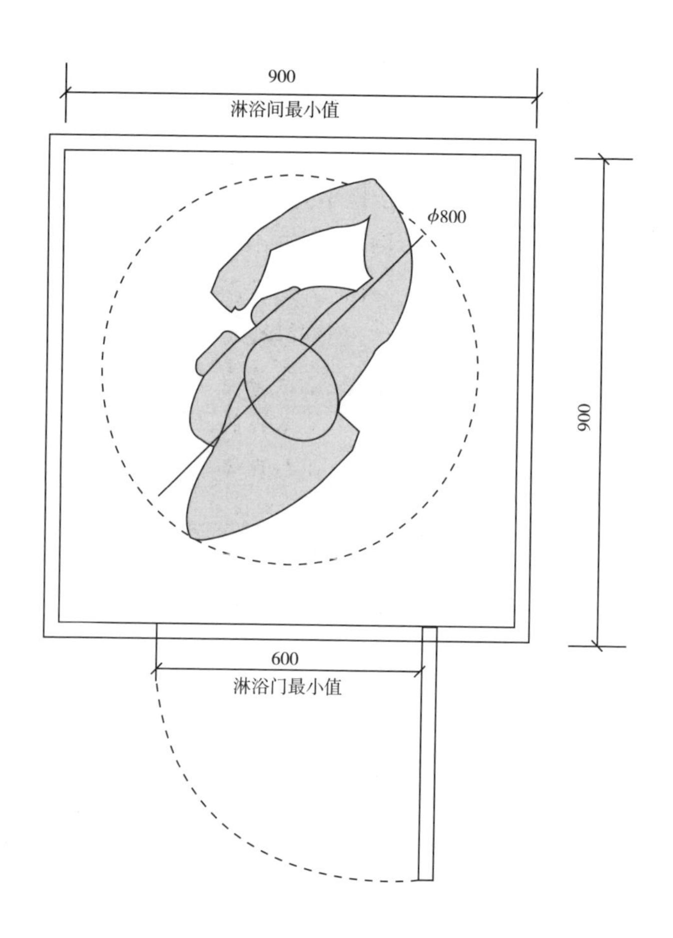

淋浴间适宜的宽度为1000~1200mm，在这个间距下，人可以很舒适地进行洗漱活动。淋浴间喷头安装的舒适高度为1900~2000mm，最高不要超过2300mm，而淋浴开关的高度为1010~1270mm。

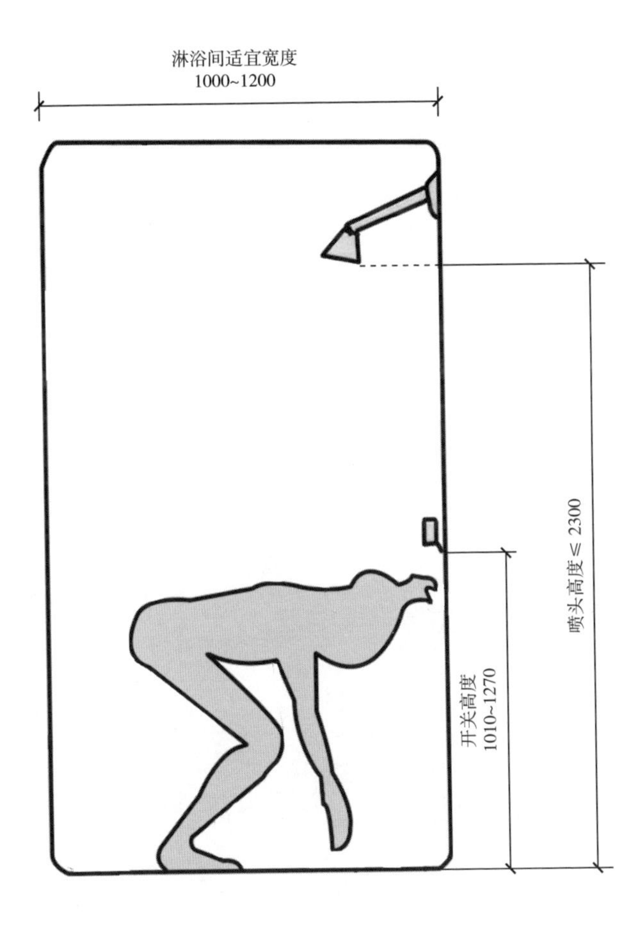

其他类型淋浴间最小尺寸

卫生间常用的淋浴房除了方形，其他常见的类型有半弧形、钻石形，这几种淋浴间的最小尺寸都是 900mm × 900mm，适宜尺寸都为 1000mm × 1000mm。

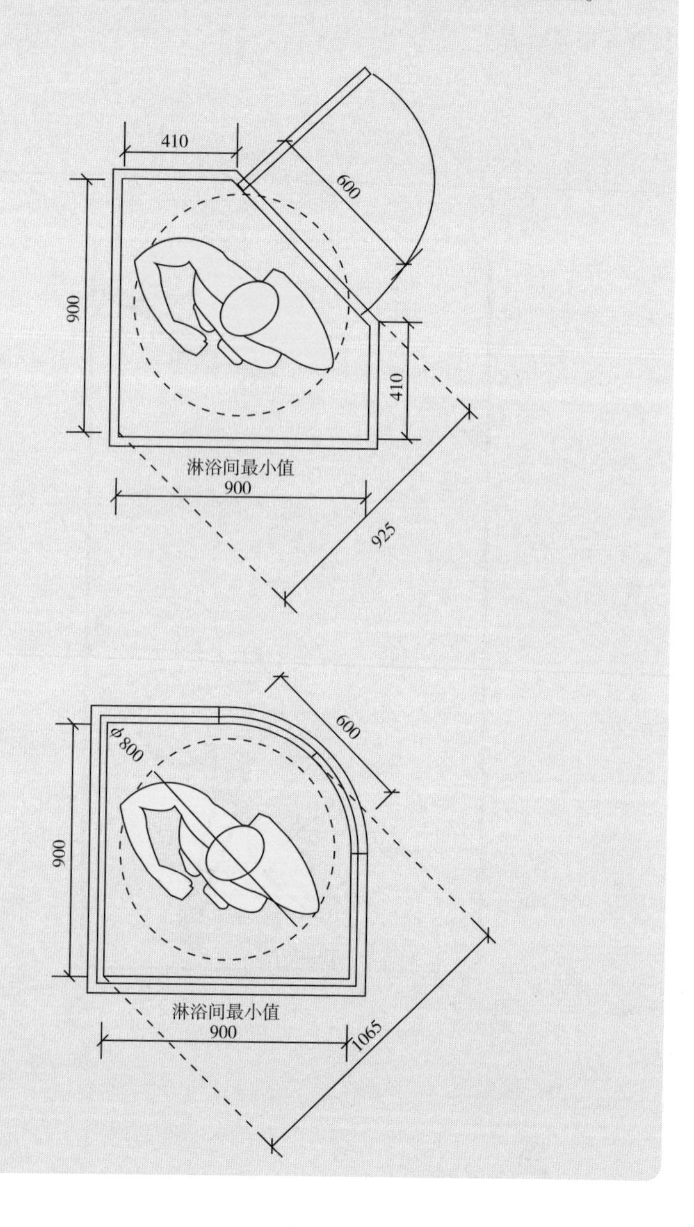

3. 卫生间灯具布置尺寸

卫生间的照明设计要点除了一般照明要有的充足照度外，最重要的是镜前的照明设计，要能看清人脸，避免阴影的产生。

① 射灯 / 筒灯 + 线条灯

用射灯和筒灯为卫生间提供基础照明，在洗脸台上方离墙300mm的地方布置一盏光束角36°的射灯或者光束角60°的筒灯提供基础照明。围绕镜子安装一圈线条灯，可以均匀照亮人脸。

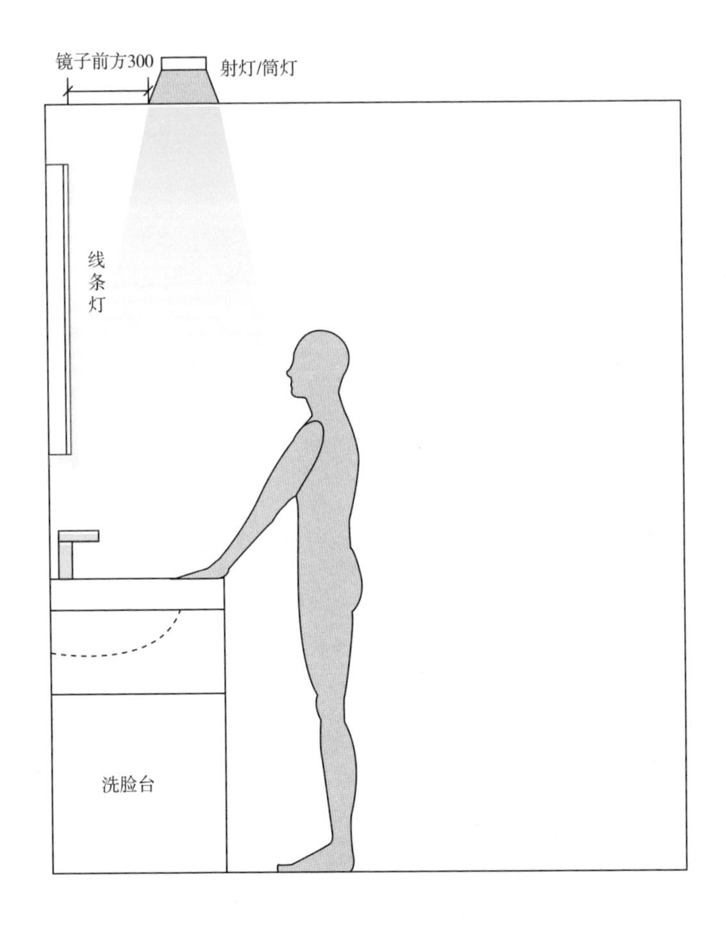

② 射灯 / 筒灯 + 壁灯

用射灯和筒灯为卫生间提供基础照明，镜子周围的局部照明可以将线条灯换成壁灯，放置在镜子的中线处，也可以照亮人脸。

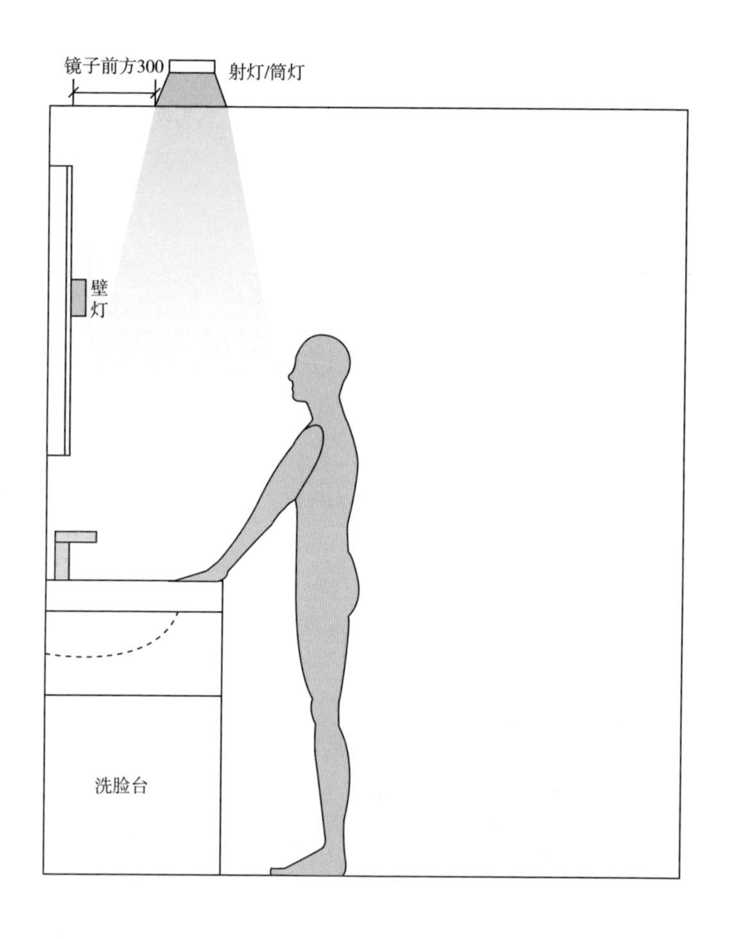

镜前灯的安装形式

镜子下方安装镜前灯

灯具暗藏在镜子下端，这种间接的照明方式可以突出强化镜子周围的环境。

镜子上方安装镜前灯

来自上方的均匀光线更符合自然光的投射方向，使垂直面和洗脸台照度充足。

4. 卫生间开关、插座安装高度

卫生间的开关同样也是布置在入门处，高度为 1500mm。卫生间的插座可以分区布置，洗漱区可以预留 1~2 个插座，高度距台面 300mm，供吹风机、电动牙刷充电等使用；便溺区可以在距地面 400mm 的位置为智能马桶预留 1 个插座。如果卫生间有洗衣机，那么需要在距地面 1300mm 的位置布置 2 个带开关的插座。

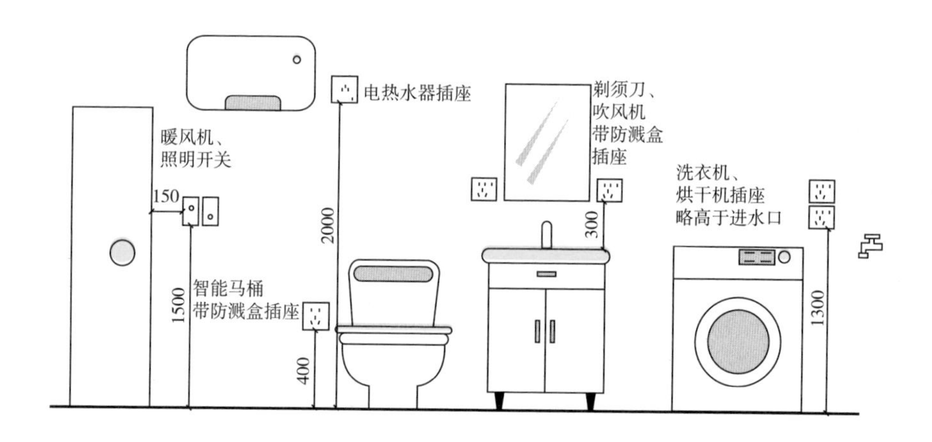

八、阳台常见布局与相关布置尺寸

如今阳台的功能越来越多样，它不仅仅是晾晒衣物的地方，也可以是洗衣房、办公房、小花园，甚至是餐吧，但还是要满足基本的尺寸要求，活动起来才能更舒适。阳台布置还涉及收纳柜，主要用来收纳清洁剂、清扫工具以及其他杂物，设计的关键在于收纳空间的布置。

1. 阳台常见布局

① 满足基本晾洗功能布局的最小值为 2.55m^2

阳台最基本的功能就是洗衣与晾晒，如果阳台面积较小，可以在单侧设计一个洗衣机柜，通常深度为 600mm，可以摆放洗衣机、烘干机以及一些洗护用品。

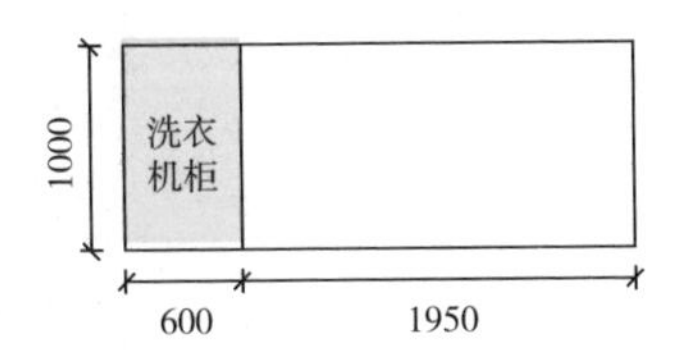

如果阳台宽度足够，在另一侧也可以设置一组进深为 400mm 的储物柜，专门用来收纳物品，注意两个柜体中间至少要有 950mm 的活动距离。

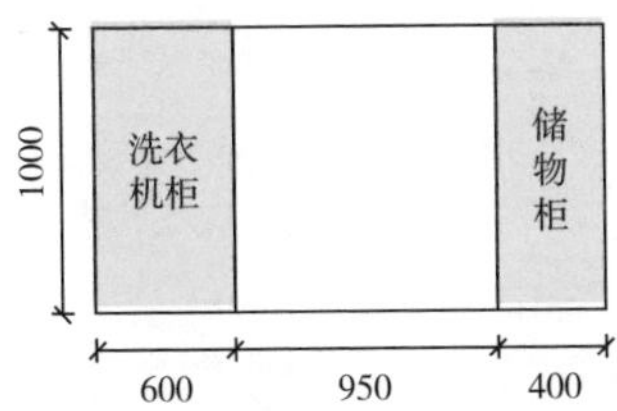

晾衣架高度

晾衣架的高度应该参考女性伸手能够拿到物品的最高限度 1850mm、男性伸手能够拿到物品的最高限度 1980mm 来设计。

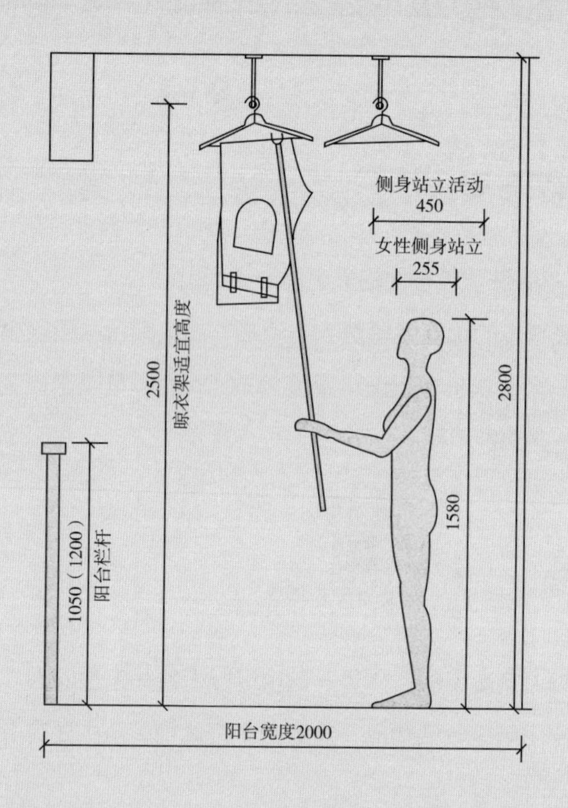

② 融入办公功能的阳台布局极限宽度为 2600mm

如果家里没有独立的书房，可以利用阳台空间打造一个办公区，阳台一侧放置洗衣机柜，进深 600mm，可以根据阳台宽度选择洗衣机加烘干机或加收纳柜的组合形式；阳台另一侧可以摆放书桌椅打造办公区，书桌的宽度为 500~600mm，椅子活动距离在 600mm 左右。中间一定要预留出至少 950mm 的空间，用于通行、晾晒等活动。

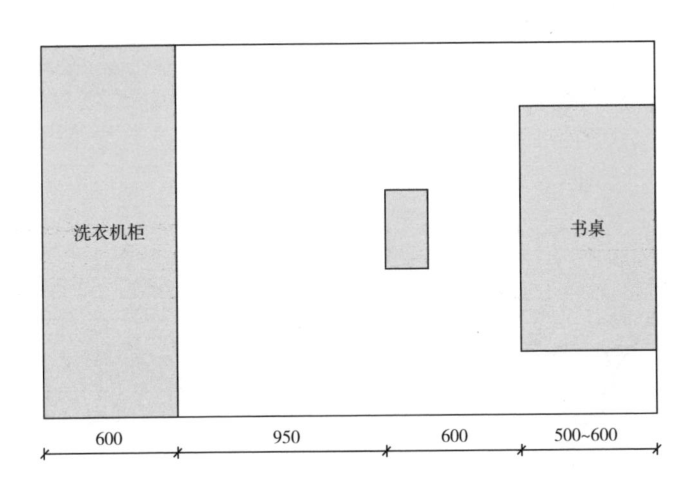

③ 景观阳台的最小布局面积为 6m²

景观阳台是将阳台设计成集休闲娱乐、运动于一体的区域，可以摆放小吧台、制作台、单人椅等家具。景观阳台的长度宜为 4000~5500mm，宽度宜为 1500mm。根据需求可以选择在一侧放置进深为 550~600mm 的制作台，另一侧可以布置 1500mm × 350mm 的小酒柜，中间可以放置一个弧形的小吧台。

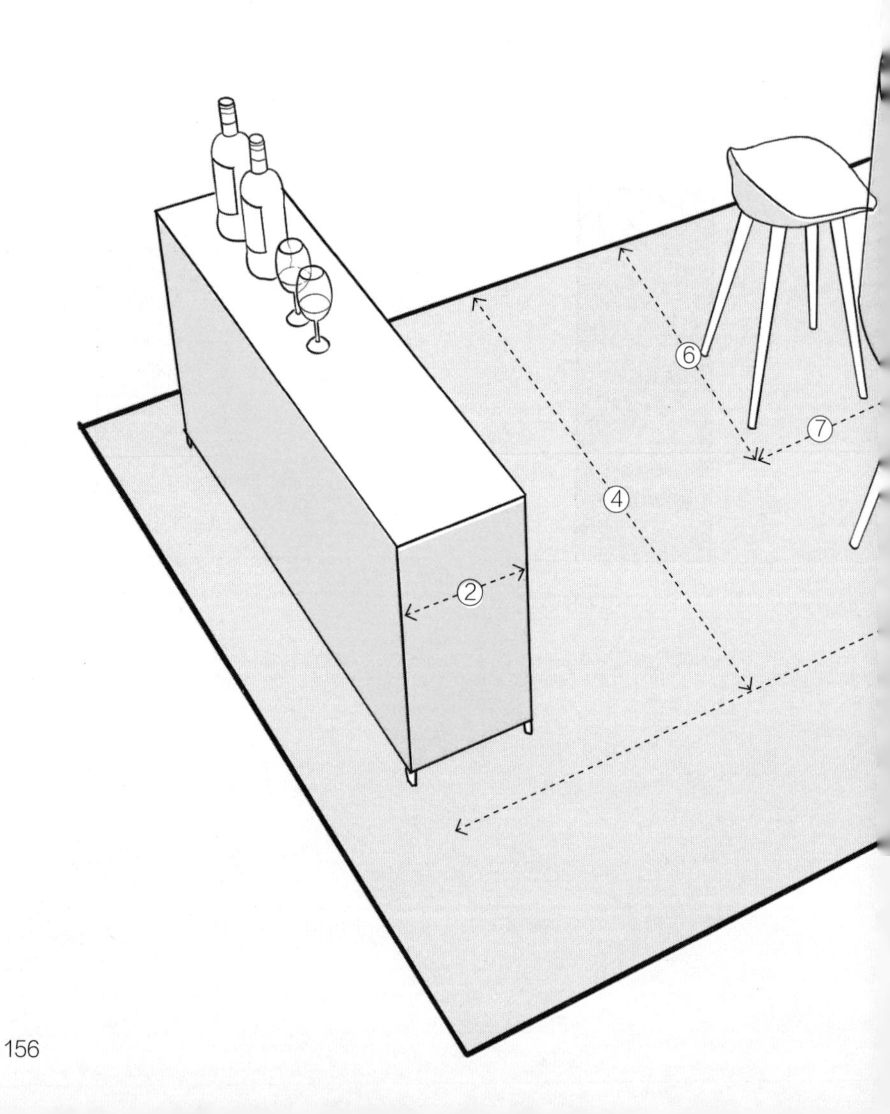

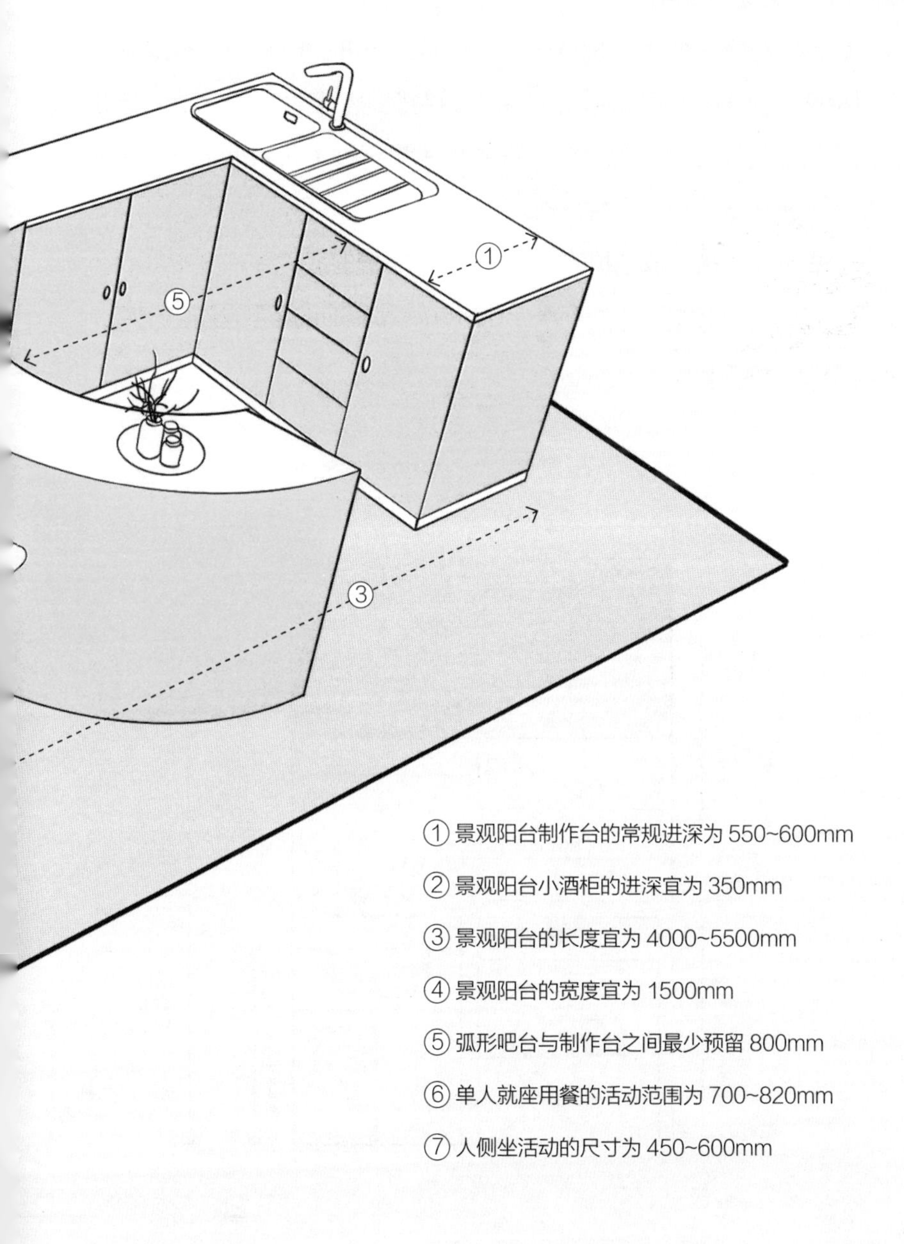

① 景观阳台制作台的常规进深为 550~600mm

② 景观阳台小酒柜的进深宜为 350mm

③ 景观阳台的长度宜为 4000~5500mm

④ 景观阳台的宽度宜为 1500mm

⑤ 弧形吧台与制作台之间最少预留 800mm

⑥ 单人就座用餐的活动范围为 700~820mm

⑦ 人侧坐活动的尺寸为 450~600mm

2. 阳台家具布置尺寸

① 阳台定制柜组合设计尺寸

阳台定制柜主要的组成部分有洗衣机或烘干机、水槽、收纳柜这三类，可以根据需求选择不同组合。整个阳台定制柜的高度为 2400mm，比较常见的有洗衣机 + 水槽 + 收纳柜、洗衣机 + 烘干机 + 收纳柜、洗衣机 + 烘干机 + 水槽 + 收纳柜的组合方式。

洗衣机 + 水槽 + 收纳柜的组合模式中，水槽的宽度为 400~800mm，水槽所在的地柜进深可以为 400~600mm，吊柜的进深可以略小一点，进深为 300~350mm。

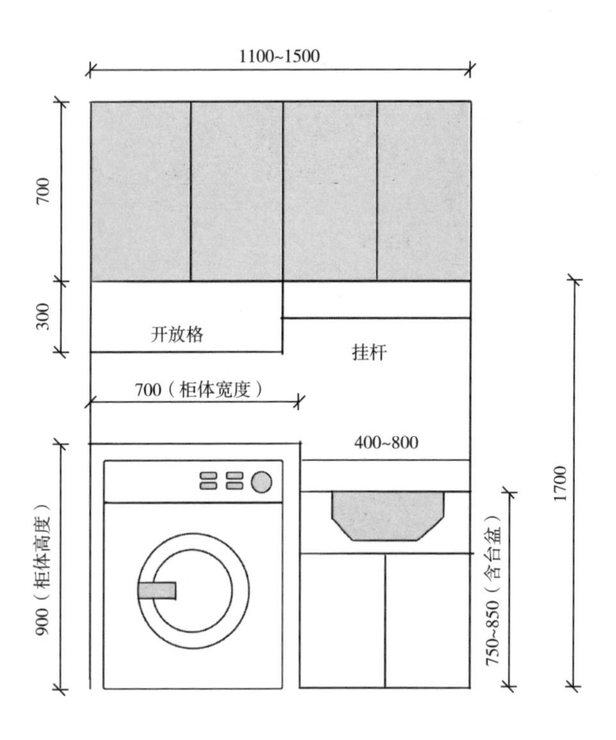

对于空间有限的阳台而言，洗衣机和烘干机的组合可以充分利用立面空间。整个柜体的宽度在 1000~1100mm 之间，高度在 2400mm 左右。洗衣机和烘干机的叠放高度至少要有 1800mm，宽度 700mm 左右。洗衣机和烘干机旁边的空间可以做成置物格，用来收纳清洁剂等物品。

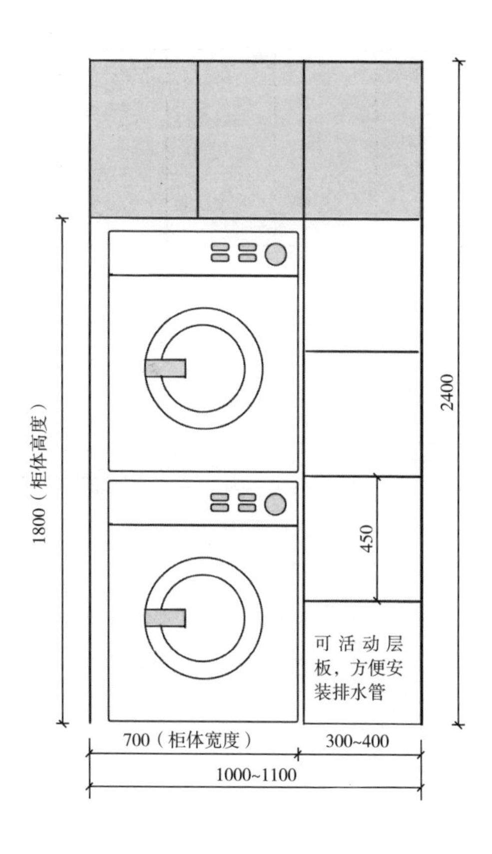

洗衣机、烘干机和水槽并排摆放的组合，因为会占用 1750~2150mm 的宽度，所以比较适合面积较大的阳台，或者是厨房与阳台相连的空间，此时洗衣机上面的吊柜会作为厨房收纳的补充。整个定制柜的高度依然为 2400mm，上柜进深在 300~350mm 之间，下柜进深在 600mm 左右。

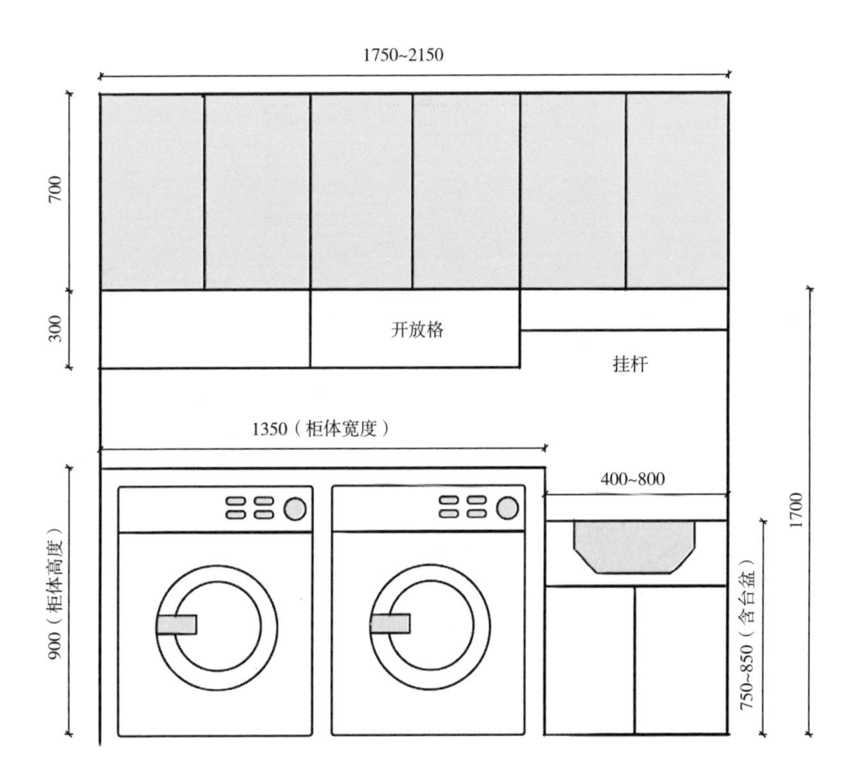

洗衣机和烘干机叠放再加上水槽，是比较实用又功能较齐全的组合方式，非常适合紧凑型布局。除了在上方做吊柜，也可以在一侧做一组储物柜，宽度为 300~350mm。水槽上面的吊柜一般进深 300~350mm，其余柜子的进深在 600mm 左右。

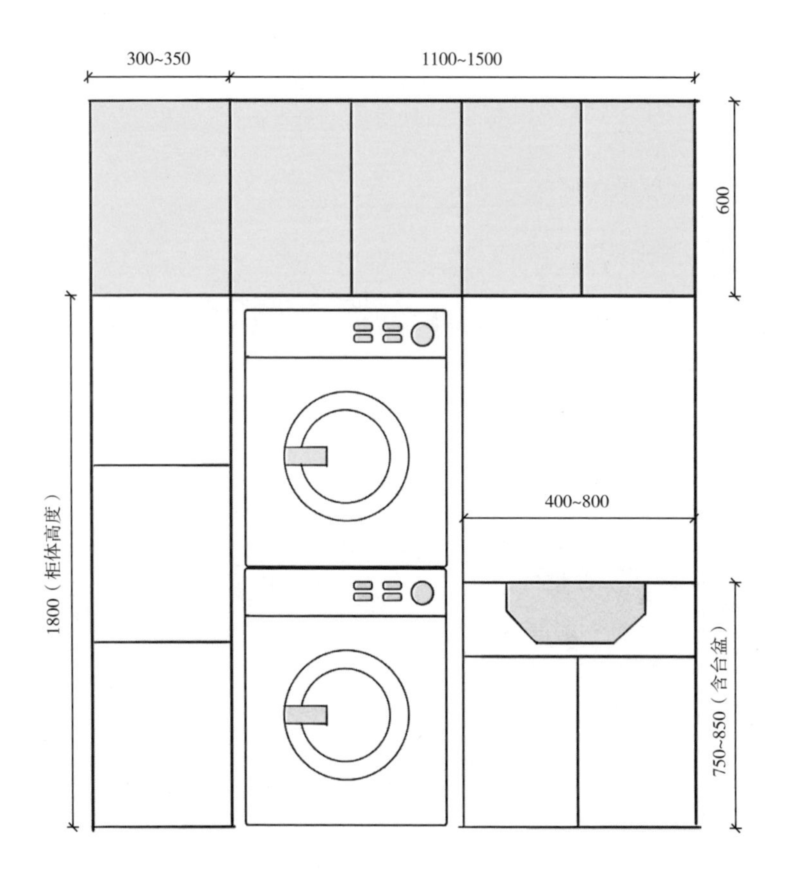

洗衣机、烘干机预留尺寸

洗衣机和烘干机的常规尺寸是 600mm × 850mm × 600mm（宽 × 高 × 进深），但一般柜体的预留宽度至少是 700mm，以保证左右留有缝隙用于散热。如果洗衣机和烘干机叠放，那么柜体尺寸至少预留 700mm × 1800mm；如果并排摆放，预留尺寸至少为 1350mm × 900mm。

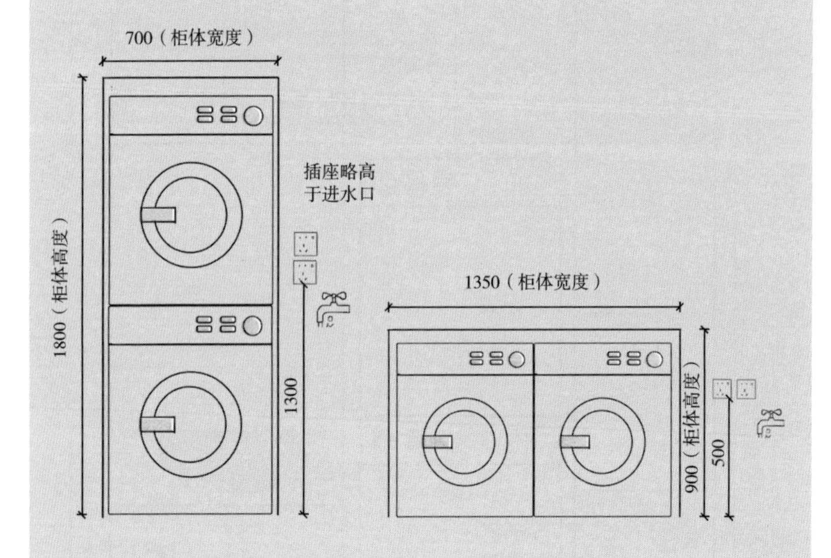

② 阳台储物柜尺寸

阳台储物柜一般不涉及洗衣机和烘干机，更多地是用来收纳杂物，比较常收纳的是清洁用品、清扫工具，以及其他空间收纳不下的物品。如果收纳清扫工具，柜格宽度为 400~600mm；如果收纳清洁剂等较小的杂物，柜格宽度 300~350mm 即可。

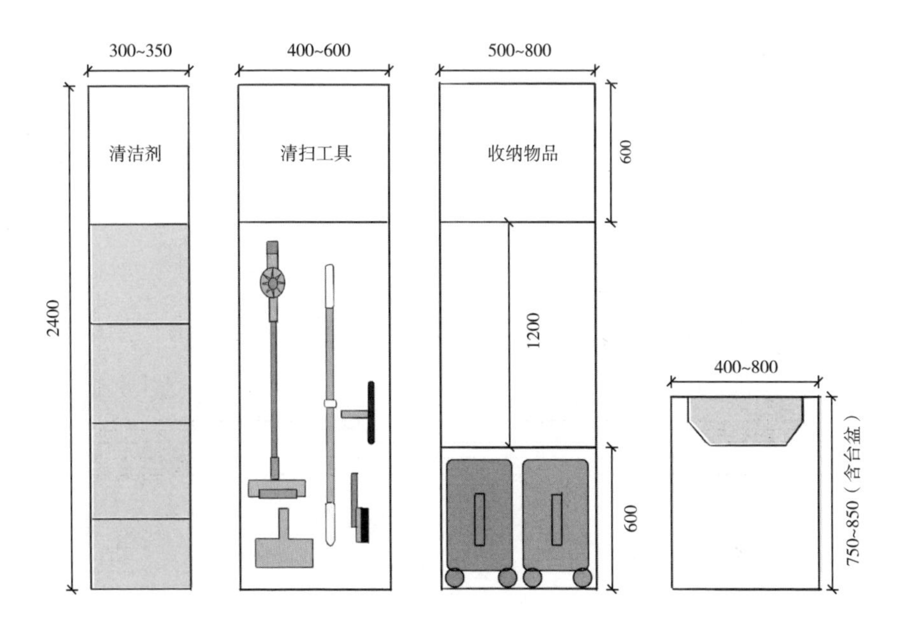

3. 阳台灯具布置尺寸

阳台的灯具设计可以延续客厅的设计思路，阳台的一般照明可以用宽照型的筒灯，局部照明可以用檐口照明手法，给人比较明亮、温和的感觉。

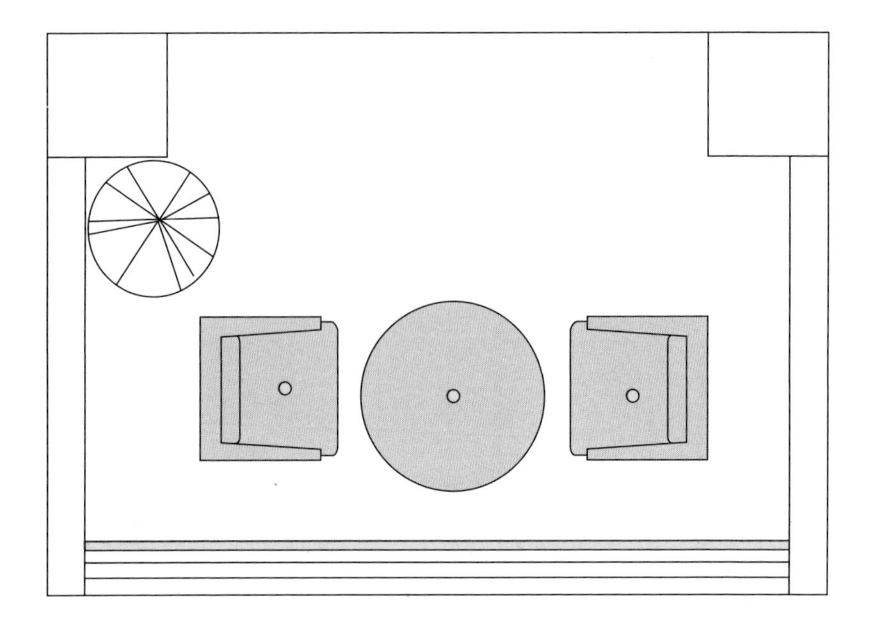

檐口照明安装位置

隐藏灯具

可以将灯具完全隐藏，得到比较完整、美观的视觉效果。

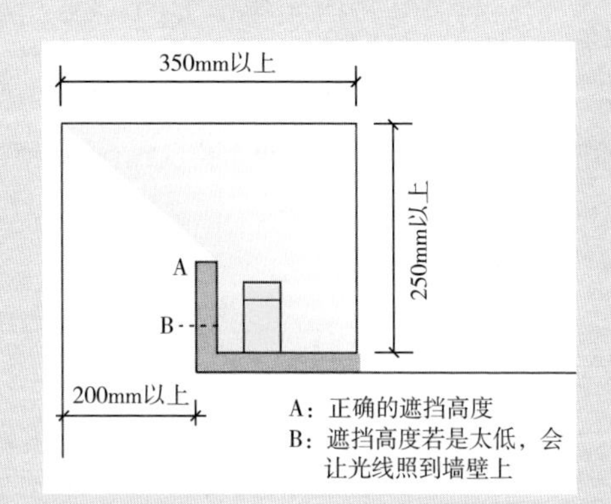

灯具朝下

光可以直接照到地板，感觉较为明亮。

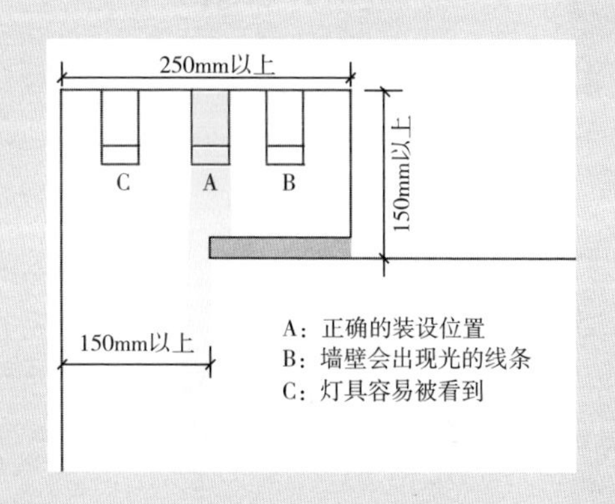

横向装设灯具

与灯具朝下的安装方式相比，不容易看到灯具。

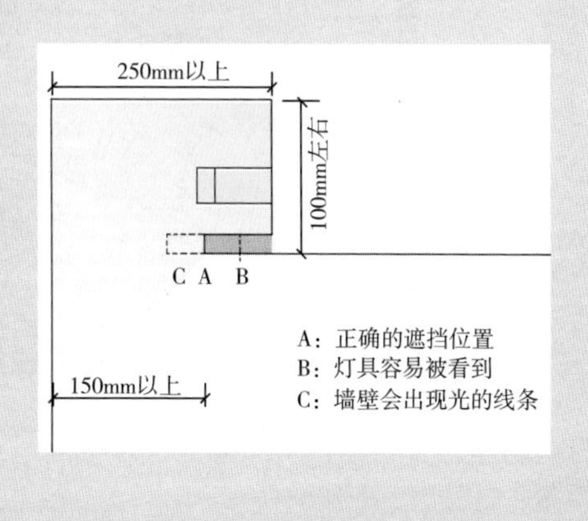

4. 阳台开关、插座安装高度

阳台的开关可以布置在入口一侧，离地 1300mm 即可。考虑到阳台可能会放置洗衣机、烘干机等家电，可以预留 2~3 个带防水罩的插座，安装高度一般距地 1300mm。

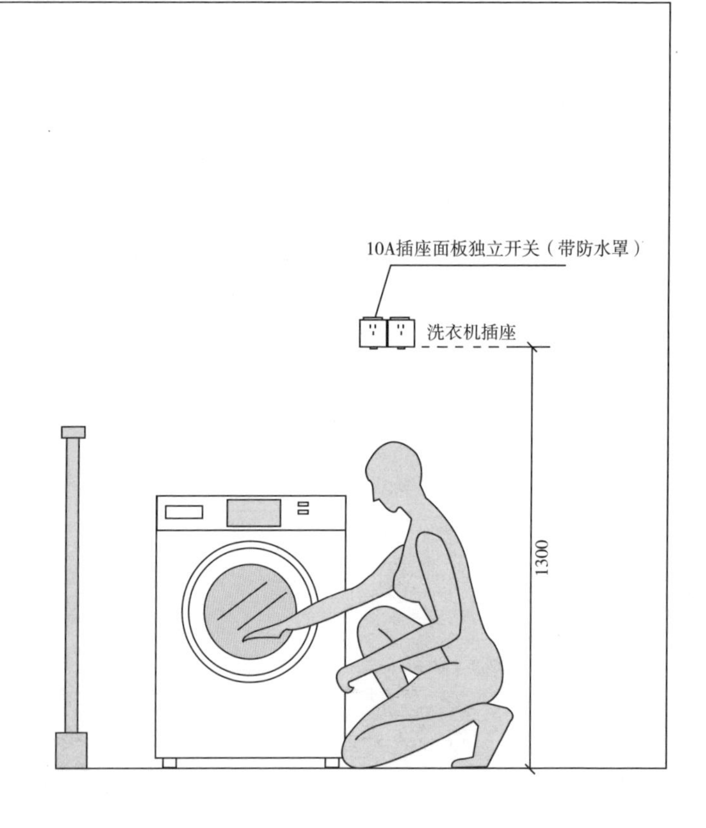

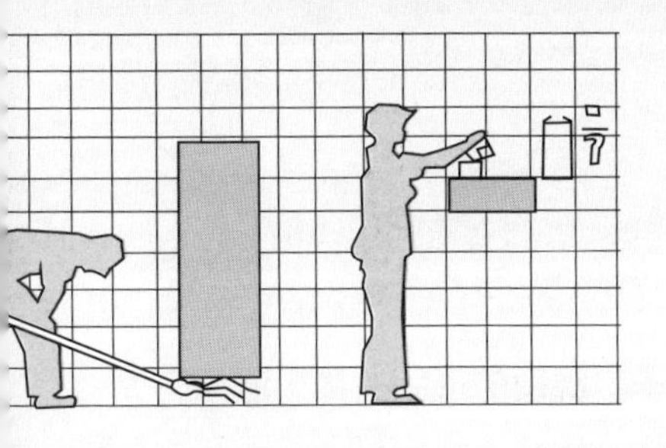

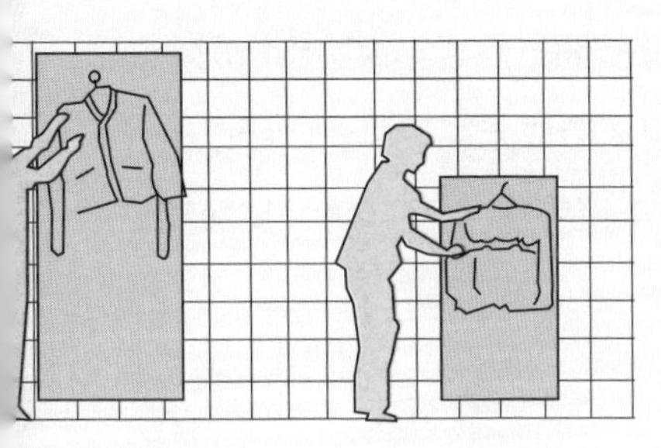

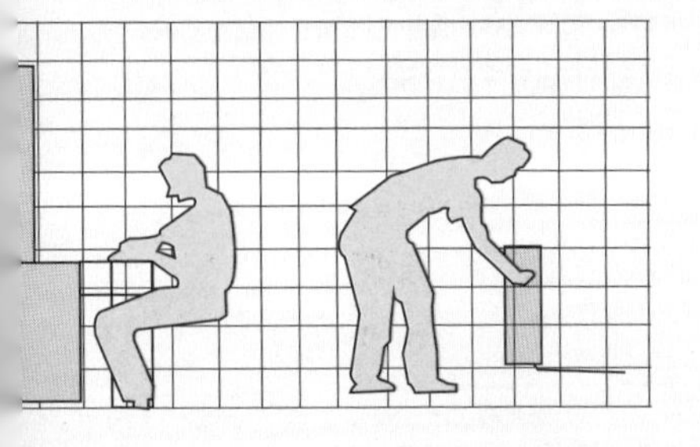

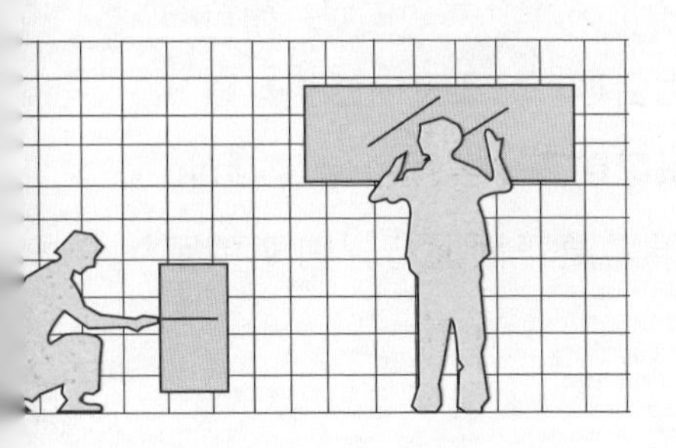

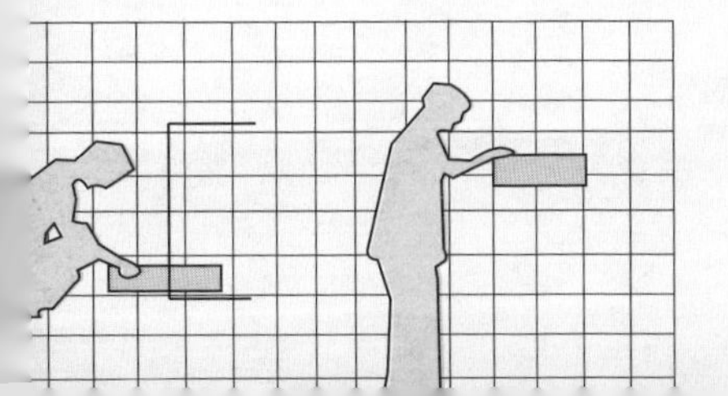

第三章
其他配套设施尺寸

除了通用的人体尺寸和布局尺寸外，在设计时还有一些尺寸数据不能忽视，比如飘窗尺寸、栏杆尺寸等，了解这些尺寸不光能让设计更加人性化，而且也能提前杜绝安全隐患，让居住者住起来更加舒适，也更加安全。

一、飘窗相关数据尺寸

飘窗也叫凸窗，是向室外突出的窗子。飘窗的形状多样，通常有观景、躺坐、储物等用途。飘窗的设计除了要注意长度和宽度极限值外，还要注意是否安装了正确高度的栏杆。按照一般成年人踏步情况，窗台净高在 450mm 以下的凸窗台面，容易造成无意识攀登，所以特别是有老人与小孩的家庭，凸窗有效防护高度应从台面起算，其净高不应低于 900mm。

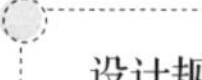

设计规范提示

根据《民用建筑设计统一标准》（GB 50352—2019）中规定：当凸窗窗台高度低于或等于 0.45m 时，其防护高度从窗台面起算不应低于 0.9m；当凸窗窗台高度高于 0.45m 时，其防护高度从窗台面起算不应低于 0.6m。

1. 飘窗宽度

室内窗台的高度一般在 450mm 左右，人坐在飘窗上时，窗台的宽度即飘窗的宽度在 500mm 左右最为合理，如果室内面积有限，飘窗宽度最小值为 330mm。此外，飘窗前至少要预留出 300mm 的间距用来摆放脚或侧身通过，如果需要正面通行，则要预留 550~600mm 的通行距离。

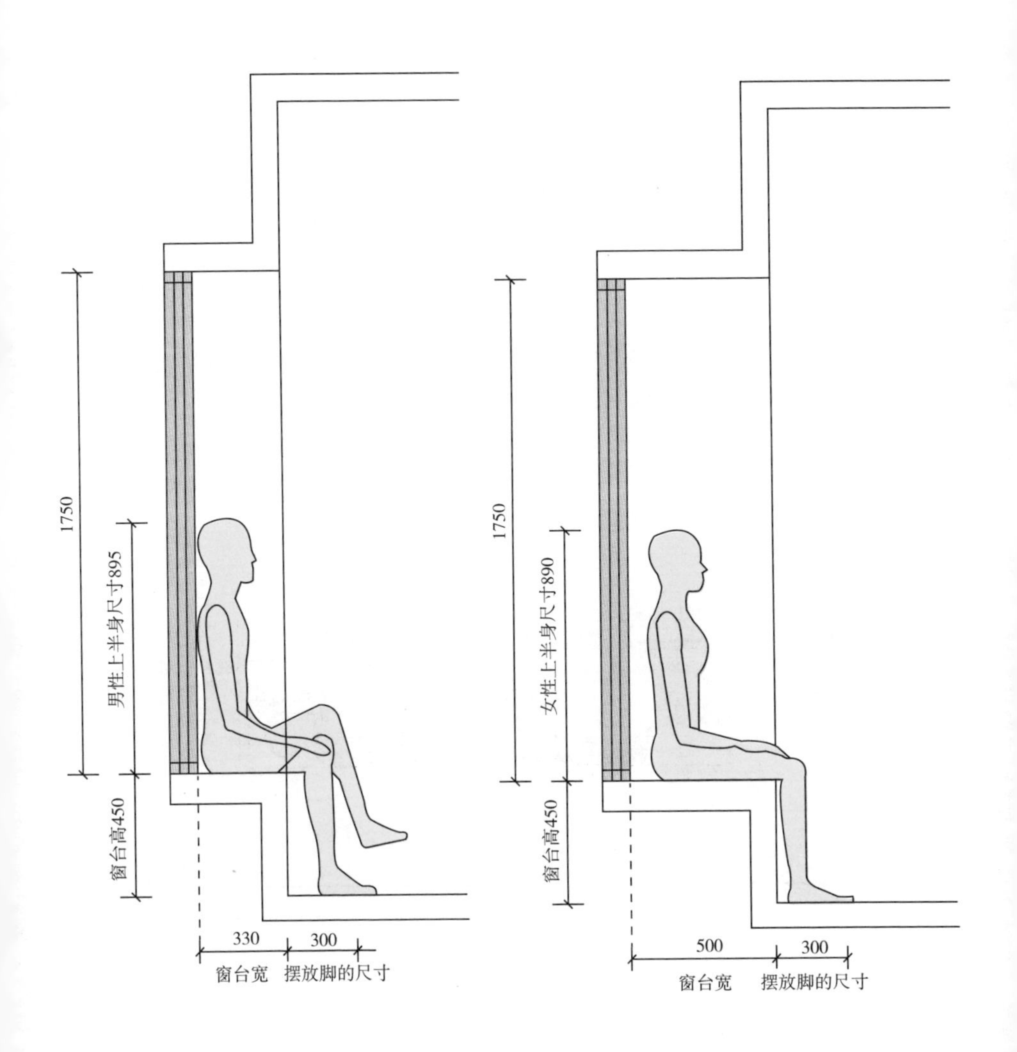
1750
男性上半身尺寸895
窗台高450
330
300
窗台宽
摆放脚的尺寸
1750
女性上半身尺寸890
窗台高450
500
300
窗台宽
摆放脚的尺寸

2. 飘窗长度

飘窗的长度通常根据窗户的长度决定，能供人躺下的飘窗长度一般在 2000mm 以上；能坐着把腿伸直的飘窗长度至少为 1500mm；只能屈腿坐着的飘窗长度最少需要 1200mm。

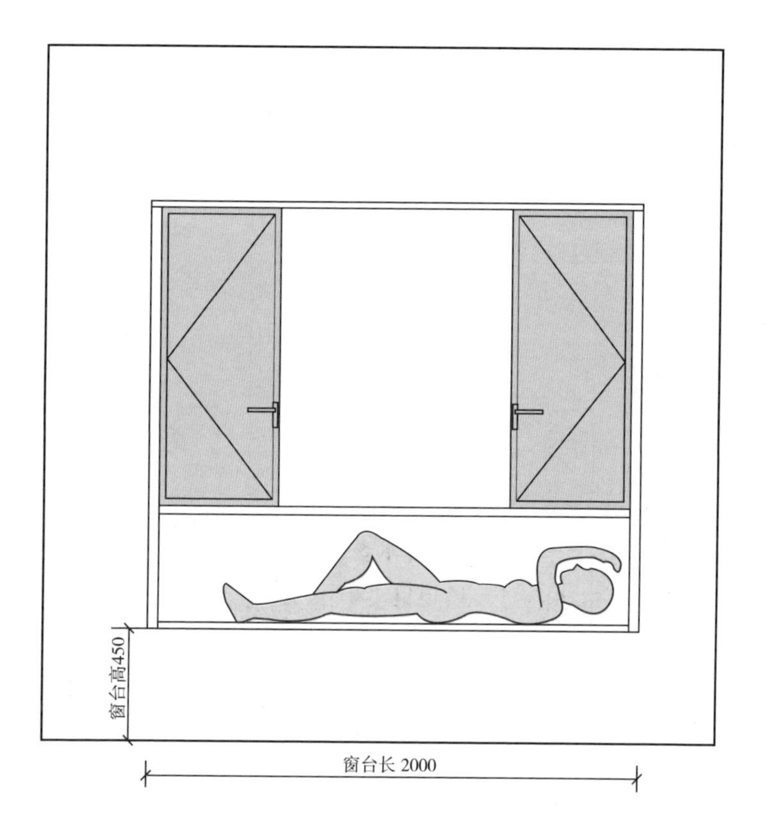

3. 飘窗栏杆尺寸

① 飘窗栏杆安装高度

为了保证安全性，特别是有老人与小孩的家庭，飘窗要考虑安装栏杆。一般有效的栏杆净高应大于等于 900mm，注意栏杆的高度是从窗台面开始计算的，而不是从地面开始计算，同时注意栏杆不能离窗户过远。

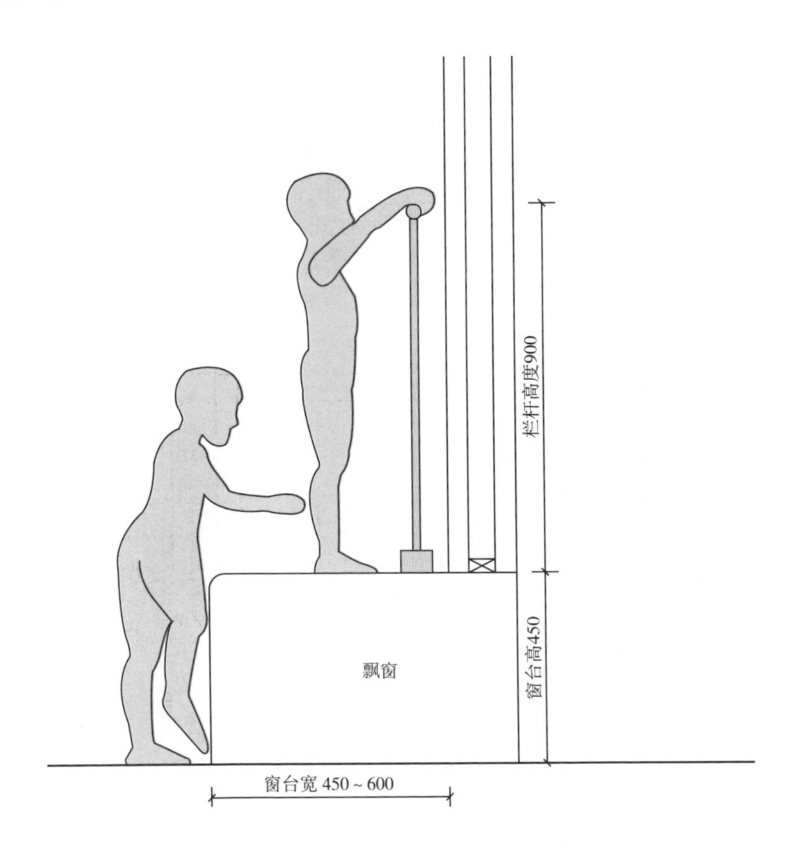

② 飘窗栏杆垂直间距

飘窗栏杆应该采用不易攀爬的结构设计，最常见的就是垂直栏杆，对于成人而言，栏杆杆件间的间距最小为 110mm；对于儿童而言，这个间距最小为 90mm。

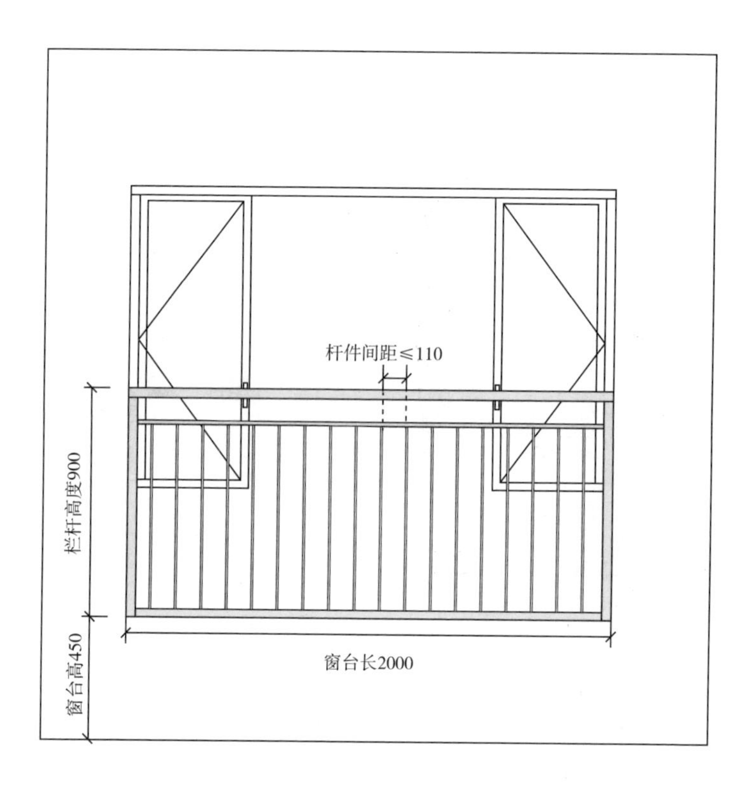

二、楼梯栏杆相关数据尺寸

楼梯栏杆是住宅楼梯即中空楼层上的安全护栏设施。栏杆在使用中起分隔、安全阻拦的作用，多出现在复式住宅、跃层式住宅、别墅、中空楼梯、建筑阳台等有安全阻拦要求的位置。

设计规范提示

根据《民用建筑设计统一标准》（GB 50352—2019）中规定：当临空高度在 24.0m 以下时，栏杆高度不应低于 1.05m；当临空高度在 24.0m 及以上时，栏杆高度不应低于 1.1m。上人屋面和交通、商业、旅馆、医院、学校等建筑临开敞中庭的栏杆高度不应小于 1.2m。

1. 楼梯栏杆高度

栏杆的高度一般由建筑高度决定，但最低不能小于 1050mm。如果建筑高度在 24m 及以上，那么栏杆的高度最少要 1100mm。

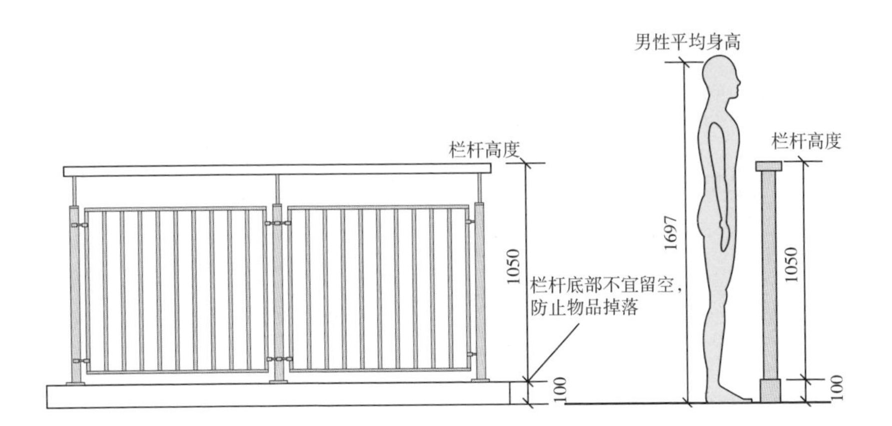

2. 楼梯栏杆底部高度

栏杆的底部一般留出 100mm 的高度，如果是别墅、复式住宅，不建议做成留空设计，以防止物品滚动掉落，造成高空坠落。

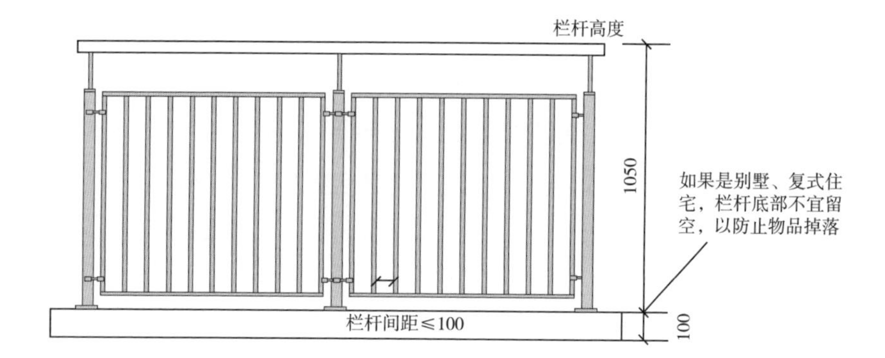

儿童防攀爬设计尺寸

对于有孩子且楼层较高的住宅，最需要注意孩子攀爬坠落的问题。以 4~5 岁的儿童为例，其平均身高为 1010mm，手向上伸时的高度为 1200mm，所以栏杆的高度最好在 1050mm 以上，同时栏杆底部没有可供攀爬的物品和设计。栏杆应该采用防攀爬扶手的设计，即扶手的宽度由常规的 350mm 增加到 600mm，让孩子无法抓握扶手，难以借力。

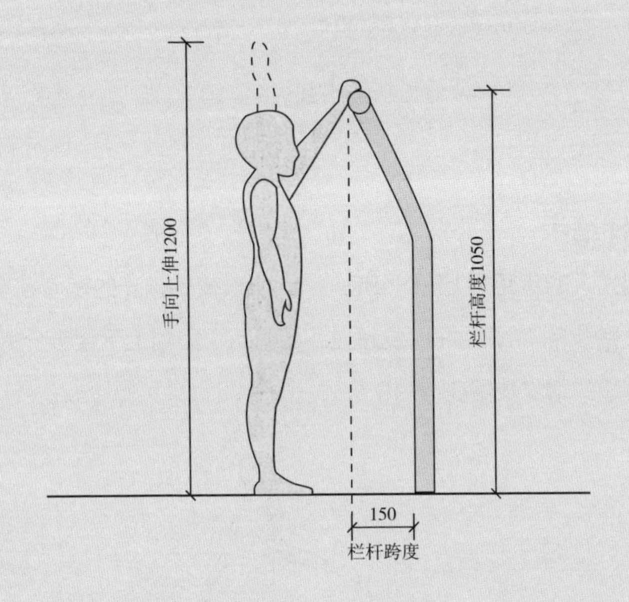

三、楼梯相关数据尺寸

住宅楼梯常常出现在复式住宅、跃层住宅、别墅或者农村自建房中，一般是由连续行走的梯段、休息平台、栏杆、扶手及相应的支托结构组成的。楼梯的样式很多，但其踏步、梯段、平台（旋转楼梯除外）、栏杆都是有统一的尺寸要求的。

设计规范提示

根据《住宅设计规范》（GB 50096—2011）中规定：

① 套内楼梯的净宽，当一边临空时，其净宽不应小于 0.75m；当两侧有墙面时，墙面之间净宽不应小于 0.90m。此外，当两侧有墙时，为确保居民特别是老人、儿童上下楼梯的安全，本条规定应在其中一侧墙面设置扶手。

② 扇形楼梯的踏步宽度离内侧扶手中心 0.25m 处的踏步宽度不应小于 0.22m，是考虑人上下楼梯时，脚踏扇形踏步的部位。

1. 楼梯踏步

因为人的步距为 620~680mm，所以楼梯踏步的宽度在 260mm 即可，踏步的高度最好不要超过 175mm，否则上下楼会比较费力。楼梯每段的踏步数量在 3~18 级。

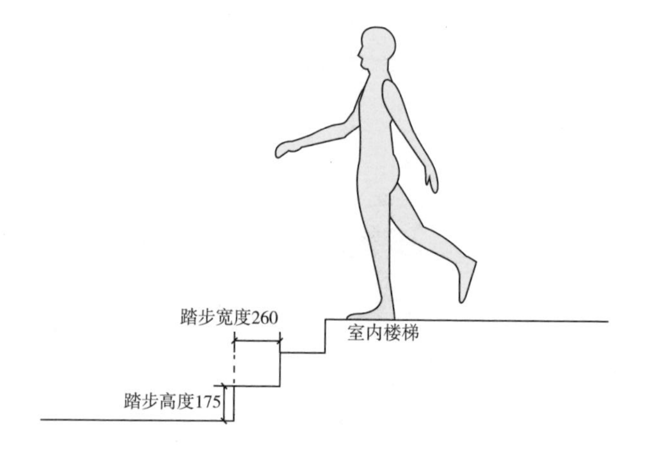

2. 楼梯梯段

楼梯梯段的宽度与人的通行尺寸相似，仅够一人使用的楼梯宽度为550~900mm，可以两个人同时使用的楼梯宽度为1100~1200mm，满足三人及以上的人同时通行的楼梯宽度为1650~1800mm。

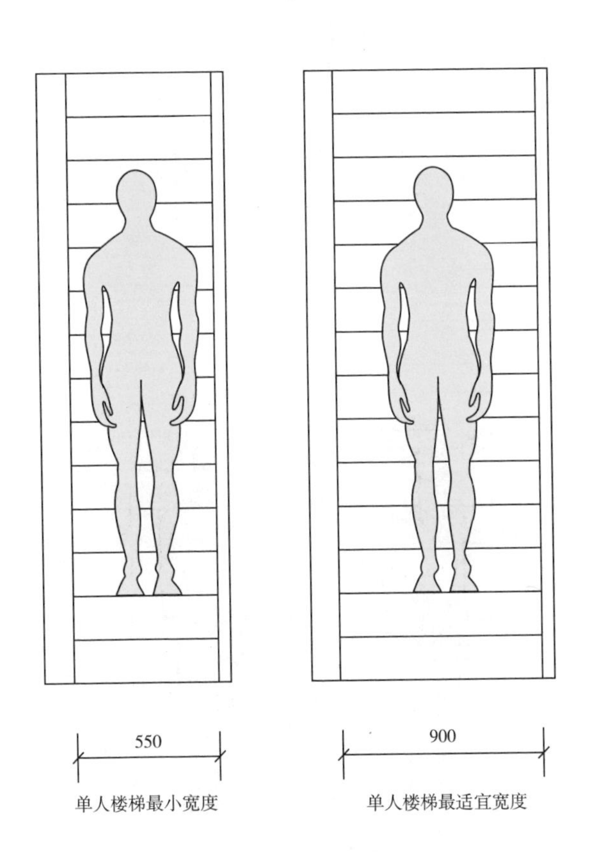

单人楼梯最小宽度　　单人楼梯最适宜宽度

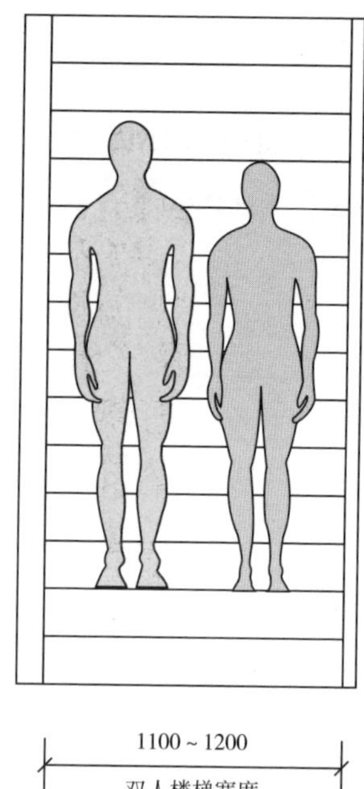

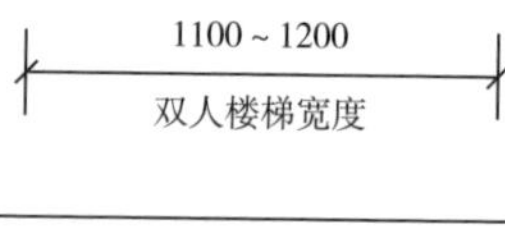

双人楼梯宽度

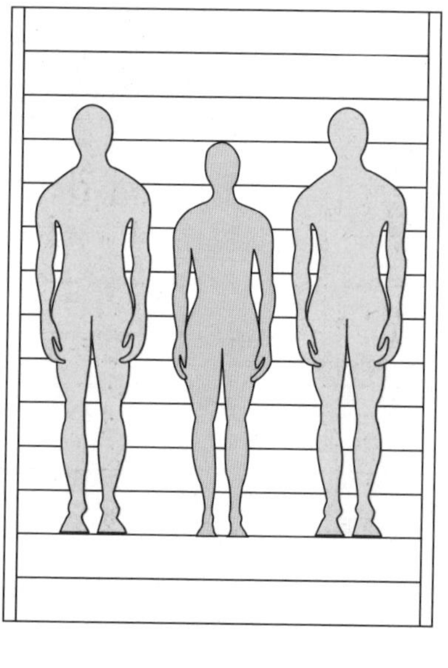

1650 ~ 1800

三人楼梯宽度

3. 楼梯平台

① 楼梯平台高度

楼梯平台一般是转换方向的地方，平台的净高最好不小于2000mm。这个空间可以考虑增设储物柜，来增加室内收纳空间。

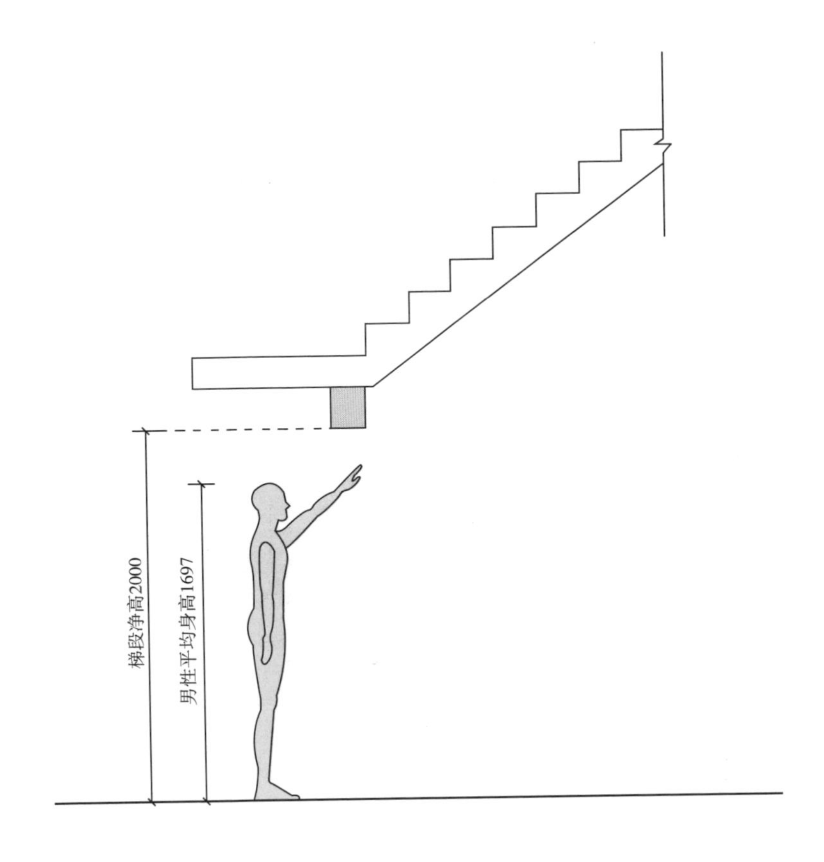

② 楼梯平台宽度

楼梯平台的宽度最好大于 900mm，以确保一个人能正常通过，平台的长度不应小于 1100mm。

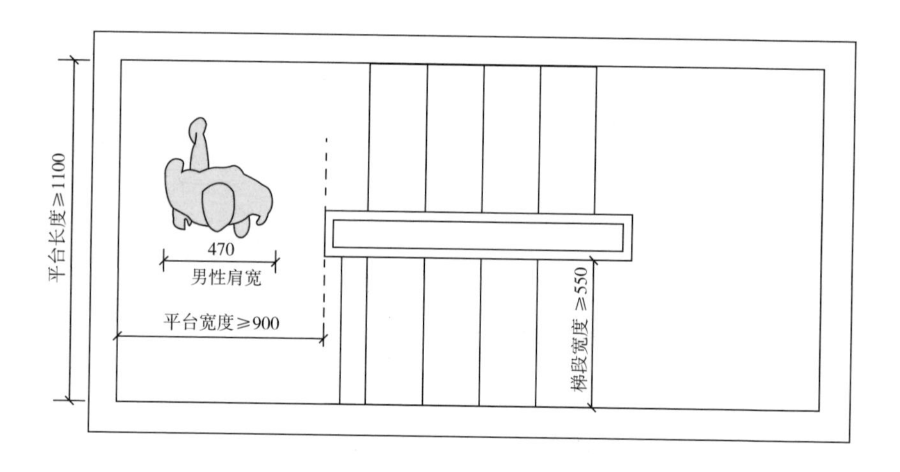

4. 楼梯栏杆和扶手

楼梯栏杆的高度同样是1050mm，扶手的高度900mm即可，儿童扶手的高度为600~700mm。

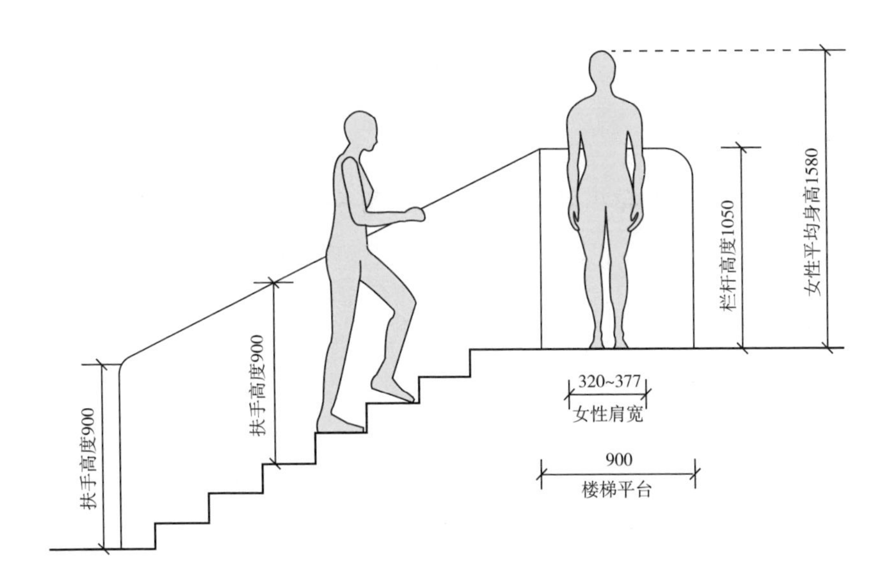

四、门和门洞相关数据尺寸

不同空间的门和门洞的尺寸会有所差异，正常厨房门洞的最小宽度为 800mm，但厨房推拉门门洞的最小宽度为 1200mm，而卫生间门洞的最小宽度则为 700mm。让人通行的门的高度正常不可小于 2m，最高也不会大于 2.4m，否则就会显得空洞。不过，实际施工的时候会先做门套，然后依据门套的规格来确定门的大小，因此不同门的差异很大。

1. 门洞宽度

入户门门洞的最小宽度为 1m，考虑到很多大型家具、家电需要搬运进屋，所以入户门门洞的宽度相比其他门洞会更宽一点；客厅和卧室门洞的最小宽度为 0.9m，以便于搬运床垫、衣柜等物品；厨房门洞最小为 0.8m，但如果厨房使用的是推拉门，那么门洞的最小宽度为 1.2m；卫生间和阳台（单扇）门洞的最小宽度均为 0.7m。

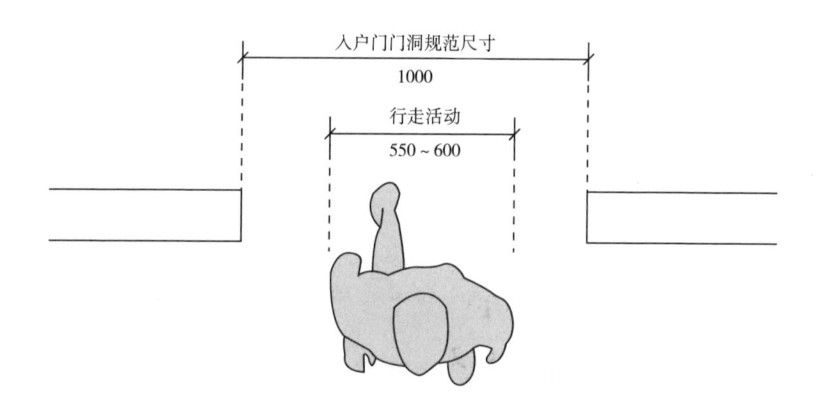

2. 门及门五金的高度

门的高度一般为 2000~2400mm，多设置为 2100mm。

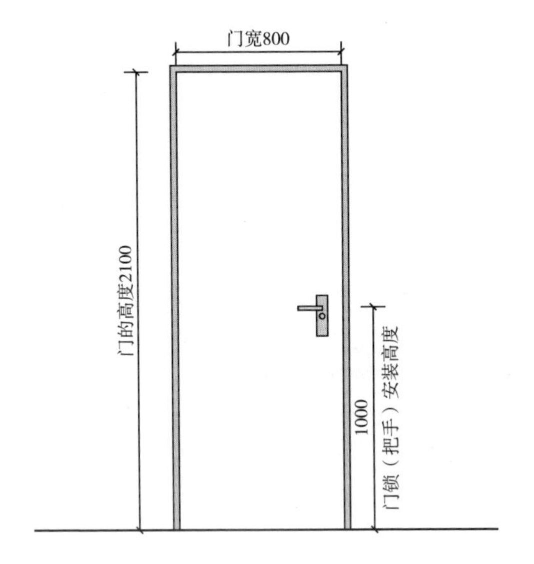

门上的五金，比如门铃或猫眼、门锁（把手）的高度分别为 1450~1550mm、1000mm。

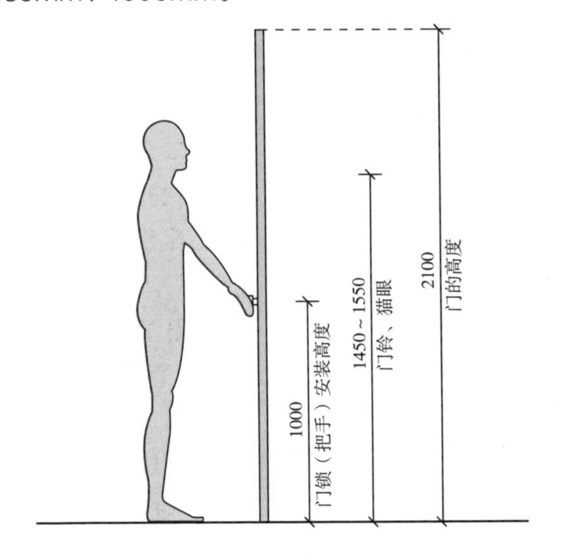

索引

空间布局

定制

儿童尺寸

干湿分离

卫浴五金

厨卫设备

软装

飘窗

通道

照明布置

灯具

开关、插座

吊顶

楼梯

门